🌐 ゼロからはじめる【フェイスブック】

Facebook
スマートガイド
改訂2版

リンクアップ 著

技術評論社

CONTENTS

第 1 章
Facebook を始めよう

Section 01	Facebookとは	08
Section 02	スマホでいつでもFacebook	10
Section 03	iPhoneにアプリをインストールする	12
Section 04	Androidスマホにアプリをインストールする	14
Section 05	アカウントを登録する	16
Section 06	Facebookの画面を理解する	20
Section 07	プロフィール情報を登録する	22
Section 08	自分のプロフィールを確認する	26
Section 09	プライバシー設定の基本を押さえる	28

第 2 章
Facebook に投稿してみよう

Section 10	近況を投稿する	32
Section 11	知り合いを検索して友達リクエストを送る	34
Section 12	もっと友達を探す	36
Section 13	友達リクエストに応答する	38
Section 14	有名人の投稿をフォローする	40
Section 15	ニュースフィードを見る	42
Section 16	友達の近況や写真を見る	44
Section 17	投稿に「いいね!」やコメントを付ける	46
Section 18	友達の投稿をシェアする	48

Section 19 自分のタイムラインやアクティビティを見る …………… 50

Section 20 過去の投稿を編集する ……………………………………… 52

Section 21 過去の投稿や写真の公開範囲を変更する ……………… 54

Section 22 自分の投稿を削除する ……………………………………… 56

第3章
写真や動画を投稿して楽しもう

Section 23 写真や動画付きの近況を投稿する ……………………… 58

Section 24 アルバムで写真を公開する ………………………………… 60

Section 25 友達のアルバムを見る …………………………………… 66

Section 26 タグを付けて友達に知らせる …………………………… 68

Section 27 ハッシュタグでキーワードを追加して投稿する ……… 72

Section 28 今いる場所を投稿する …………………………………… 74

Section 29 近くのスポットをチェックする ………………………… 76

Section 30 コメントを確認する ……………………………………… 78

Section 31 WebページをFacebookに投稿する ………………… 80

Section 32 いろいろな投稿機能で投稿する ………………………… 84

第4章
友達ともっとコミュニケーションしよう

Section 33 友達とメッセージをやり取りする ……………………… 86

Section 34 Messengerで手軽にコミュニケーションする ……… 88

Section 35 Messengerで複数の人と同時にチャットをする …… 92

Section 36 友達に無料電話をかける ………………………………… 94

CONTENTS

Section 37	友達のイベントに参加する	96
Section 38	イベントを作成する	98
Section 39	グループに参加する	102
Section 40	グループのメンバーと投稿をやり取りする	104
Section 41	グループを作る	106
Section 42	グループを活用する	108

第5章
Facebookをもっと使いやすくしよう

Section 43	カバー写真を登録する	112
Section 44	ニュースフィードの投稿やコンテンツを保存する	114
Section 45	親しい友達の投稿をまとめてみる	116
Section 46	友達をリストに分けて整理する	118
Section 47	友達とのやり取りを表示する	120
Section 48	ストーリーズを投稿する	122
Section 49	Facebookページで最新情報を入手する	124
Section 50	Facebookページの一覧を表示する	126
Section 51	お知らせを変更する	128
Section 52	通知を設定する	130
Section 53	投稿を非表示にする	132
Section 54	ユーザーをブロックする	134
Section 55	Webブラウザからモバイル用Facebookを利用する	136

Section 56　パソコンからFacebookを利用する　138
Section 57　プライバシーセンターからより詳細な設定を行う　142

第6章
こんなときどうする？

Section 58　プロフィール写真を目立たせたい　150
Section 59　「いいね!」を付けたページを隠したい　152
Section 60　特定の友達に投稿を非表示にしたい　154
Section 61　特定の友達のみに見えるよう投稿したい　155
Section 62　友達のつながりを解除したい　156
Section 63　学校の卒業や結婚式の日を投稿したい　157
Section 64　名前を変更したい　158
Section 65　旧姓を表示したい　159
Section 66　趣味や好きなことを登録したい　160
Section 67　友達を非公開にしたい　162
Section 68　間違えて友達をブロックしてしまった　163
Section 69　タイムラインとタグ付けを設定したい　164
Section 70　パスワードやメールアドレスを変更したい　170
Section 71　パスワードを忘れてしまった　174
Section 72　二段階認証でセキュリティを強化したい　176
Section 73　二段階認証後にほかのブラウザから利用したい　178
Section 74　機種変更したらどうなるの？　180
Section 75　アプリをアップデートしたい　182
Section 76　間違って複数のアカウントを作ってしまった　184

CONTENTS

Section **77**　追悼アカウントの設定をしたい **186**

Section **78**　Facebookのアカウントを停止したい **188**

ご注意：ご購入・ご利用の前に必ずお読みください

● 本書に記載した内容は、情報の提供のみを目的としています。したがって、本書を用いた運用は、必ずお客様自身の責任と判断によって行ってください。これらの情報の運用の結果について、技術評論社および著者、アプリの開発者はいかなる責任も負いません。

● ソフトウェアに関する記述は、特に断りのない限り、2019年9月現在での最新バージョンをもとにしています。ソフトウェアはバージョンアップされる場合があり、本書での説明とは機能内容や画面図などが異なってしまうこともあり得ます。あらかじめご了承ください。

● 本書は以下の環境で動作を確認しています。ご利用時には、一部内容が異なることがあります。あらかじめご了承ください。
端末 ： iPhone XR（iOS 12.4.1）、HUAWEI nova lite 3（Android 9）
パソコンのOS ： Windows 10
Webブラウザ：Microsoft Edge

● インターネットの情報については、URLや画面などが変更されている可能性があります。ご注意ください。

以上の注意事項をご承諾いただいたうえで、本書をご利用願います。これらの注意事項をお読みいただかずに、お問い合わせいただいても、技術評論社は対処しかねます。あらかじめ、ご承知おきください。

■本書に掲載した会社名、プログラム名、システム名などは、米国およびその他の国における登録商標または商標です。本文中では、™、®マークは明記していません。

第1章

Facebookを始めよう

Section 01	Facebookとは
Section 02	スマホでいつでもFacebook
Section 03	iPhoneにアプリをインストールする
Section 04	Androidスマホにアプリをインストールする
Section 05	アカウントを登録する
Section 06	Facebookの画面を理解する
Section 07	プロフィール情報を登録する
Section 08	自分のプロフィールを確認する
Section 09	プライバシー設定の基本を押さえる

Section 01

Facebookとは

第1章 ◆ Facebookを始めよう

アメリカで誕生したFacebookは、ソーシャルネットワーキングサービス（以下SNS）の中でも世界最大規模を誇り、全世界で23億人ものユーザーが利用しているといわれています。多くの人を引き付けるその魅力はどんなものなのでしょう。

友達と「今」を共有できるサービス

Facebookでは、ユーザーが近況を投稿したり、撮った写真をかんたんに共有したりすることができます。あなたが「ラーメンおいしかった!」と画像付きで投稿したら、身近な友達が「今、どこ? その店の近くにいるよ」とコメントしてくれるかもしれません。

ユーザーの「今」を投稿することで、Facebookにはユーザーの生活や好み、人となりを表す情報が蓄積していきます。Facebookを見れば、その人の生活や興味のあること、仕事のことなどがすぐにわかるというわけです。

こういうと「ほかのSNSとどう違うの?」と思われるかもしれません。FacebookとTwitter、InstagramなどのほかのSNSとの大きな違いは、Facebookは実名登録が基本だという点です。懐かしい同級生や仕事で知り合った人の名前を、ネット検索してみてください。何人かのFacebookのページが検出されるはずです。Facebookを通じて、懐かしい友達とまた連絡を取るようになったということが、実際にたくさん起きています。

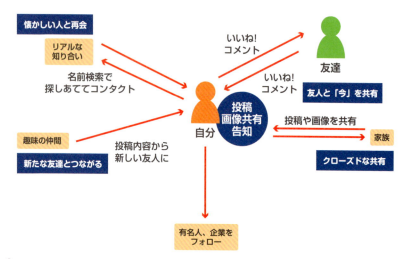

自分なりの情報発信で仲間を増やす

Facebookを利用して自分から趣味の情報を発信すれば、それに反応してくれるほかのユーザーとの新たな出会いも生まれます。Facebookを通じて、同じ趣味の仲間が増えたという人もとても多いのです。

鉄道についての情報が満載の「鉄道写真館」（https://ja-jp.facebook.com/ZhiDaoXieZhenGuan）。趣味の情報発信、情報交換の場として活用するにもFacebookは最適です。

就活やビジネスにも使われている

Facebookは就職活動やビジネスのPRの場所としても活用されています。多くの企業はFacebookページを作成し、情報を発信しています。小さな規模の会社やフリーランスの立場で仕事している方も、Facebookでこんな仕事をしていますよ、こんな経験をしていますよ、といったことを常につづっておけば、効果的にPRできます。FacebookでのPRが、ビジネスチャンスを掴むケースも多々あります。
また、最近ではFacebookのグループ機能を利用し、著名人などによってオンラインサロンといった会員制コミュニティが開設されています。オンラインサロンは非公開のグループなので、テーマについて意見交換がしやすく、新たなビジネスパートナーとの出会いの場として利用されることが増えてきています。

Facebookを利用した就職活動情報サイトも続々リリースされています（「ソー活サーチ」（https://www.facebook.com/shukatsucareer.search））。

Memo 仲間や家族のクローズドなコミュニティ作り

非常に細かくプライバシー設定ができるのも、Facebookの特徴の1つです。家族や仲間どうしの写真やコメントのやり取りを、一般には公開したくないという場合は、承認したユーザーのみが閲覧できるよう設定することも可能です。離れたおじいちゃん、おばあちゃんに孫の近況を伝える、仲間たちの連絡ボードやイベント告知に使うなどの場合にも便利です。自分なりのスタンスで使いこなせるという点も、Facebookの魅力でしょう。

第1章 ◆ Facebookを始めよう

Section 02

スマホでいつでもFacebook

iPhoneやAndroidスマホのFacebook公式アプリでは、新規アカウントの登録を始め、パソコンと同じようにほとんどの機能が利用できます。スマホから「今」を投稿して、訪れた場所や気持ちをシェアしましょう。

iPhoneやAndroidスマホで多くの機能が使える

「今」を投稿するのには、やはりパソコンより常に持ち歩いているiPhoneやAndroidスマホのほうが確実に便利です。
iPhoneやAndroidスマホのFacebook公式アプリでは、パソコンのブラウザ用Facebookとほとんど同じように、細かな設定や機能までが利用できます。もちろん、ニュースフィードの閲覧や近況の投稿なども手軽に行えるので、パソコンを持っていなくても、iPhoneかAndroidスマホさえあれば、いつでもFacebookが始められます。なお、iPhone、Androidスマホのどちらも「Facebook」アプリの操作性はほとんど同じです。本書ではiPhoneによる操作をメインに解説しています。

多くの機能が公式アプリ（左）に凝縮されており、パソコン用Facebook（右）とほぼ同等に利用することが可能です。

スマホのGPS機能を活用した「チェックイン」では、今どこで何をしているかをかんたんに投稿することができます。

Facebookのカメラエフェクトを利用すると、おもしろい効果の付いた写真を投稿したり、プロフィール写真に設定したりできます。

Messengerで友達とコミュニケーションできる

「Messenger」アプリをインストールすると、Facebookの友達とメッセージのやり取りができます。Messengerでやり取りした内容は公開されないので、個人的なチャットをしたいときに便利です。また、「Messenger」アプリには、無料の電話機能や複数の人とグループでやり取りをする機能もあるので、友達どうしでより活発なコミュニケーションができます。

Facebookの友達とリアルタイムでチャットができます。

インターネット回線を利用した無料電話ができます。

第1章 ◆ Facebookを始めよう

Section 03
iPhoneにアプリをインストールする

まずは、Facebookのアプリをインストールしましょう。ここではiPhoneへのインストール方法を紹介します。「Facebook」アプリはインストール、利用ともに無料で行えますが、インストールにはApple IDがあらかじめ必要となります。

App Storeからインストールする

(1) ホーム画面で＜App Store＞をタップします。

(2) ＜検索＞をタップします。

(3) 検索欄をタップします。

(4) 「facebook」と入力し、＜検索＞または＜Search＞をタップします。

⑤ 検索結果が表示されます。「Facebook」アプリの<入手>をタップします。

⑥ <インストール>をタップします。

⑦ Apple IDのパスワードを入力し、<サインイン>をタップします。

⑧ ダウンロードとインストール後、<開く>をタップすると、「Facebook」アプリが起動します。

⑨ インストールが完了すると、ホーム画面に「Facebook」のアイコンが表示されます。

第1章 ◆ Facebookを始めよう

Section 04

Androidスマホにアプリをインストールする

Androidスマホの「Facebook」アプリは、使い方、画面ともにiPhone版のアプリとほとんど同じです。インストールの方法が異なるので、ここで紹介します。インストールには、Googleアカウントがあらかじめ必要となります。

Playストアからインストールする

① ホーム画面やアプリ一覧画面で<Playストア>をタップします。

② 画面上部の検索欄をタップします。

③ 「facebook」と入力し、🔍をタップします。

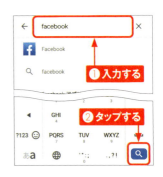

④ 「Facebook」のアイコン部分をタップします。

(5) 説明が表示されます。＜インストール＞をタップします。

(6) しばらくするとインストールが完了します。＜開く＞をタップすると、「Facebook」アプリが起動します。

(7) インストールが完了すると、ホーム画面などに「Facebook」のアイコンが表示されます。

Memo 「Facebook Lite」アプリとは

Playストアで「Facebook」を検索すると、通常の「Facebook」アプリとは別に、「Facebook Lite」アプリが候補に表示されます。「Facebook Lite」アプリは、通常の「Facebook」アプリの機能を限定した軽量版アプリです。電波状況があまりよくないときや、「Facebook」アプリの動作が重たくなってしまったときにとても便利です。

Memo あらかじめインストールされている場合もある

Androidスマホの端末によっては、初期状態ですでにFacebookの公式アプリがインストールされているものもあります。ホーム画面などにFacebookのアイコンがある場合は、インストールする必要はありません。

第1章 ◆ Facebookを始めよう

Section 05

アカウントを登録する

初めてFacebookを使うときは、新規アカウントの登録が必要です。アカウントの登録は、iPhoneやAndroidスマホのアプリからできます。ここでは、メールアドレスを使って、新規アカウントを登録する方法を紹介します。

メールアドレスを使って新規アカウントを登録する

(1) ホーム画面で＜Facebook＞をタップします。

(2) ＜新しいアカウントを作成＞をタップします。

(3) ＜登録＞をタップします。

(4) 名字と名前を入力し（P.17Memo参照）、＜開く＞または＜Go＞をタップします。

⑤ 生年月日を設定し、＜次へ＞をタップします。

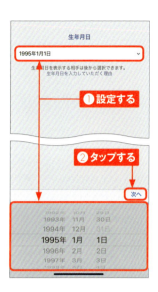

⑥ ＜女性＞または＜男性＞をタップします。

⑦ ＜メールアドレスを使用＞をタップします。

⑧ ＜メールアドレスを入力＞をタップします。

Memo アカウントに登録する名前について

Facebookは実名での登録がルールですが、実際には偽名による登録が可能です。しかし、偽名とみられるユーザーに対しては、Facebookの運営側がIDの削除を求めることがあります。偽名での登録とみなされたユーザーは、偽名でないことを証明するために、免許証などのコピーの送付を求められることがあるので、Facebookを存分に楽しむには、やはり本名での登録がおすすめです。プライバシー設定をしっかり行うことも大切です。

⑨ Facebookの登録に使うメールアドレスを入力し、<Go>または<開く>をタップします。

⑩ Facebookで利用するパスワードを入力し、<Go>または<開く>をタップします。

⑪ <登録>をタップします。

⑫ Facebookからの通知を許可する場合は<許可>、許可しない場合は<許可しない>をタップします。

Memo 携帯電話番号でアカウントを登録する

Facebookは携帯電話番号でアカウントを登録することもできます。Facebookの運営側は、不正アクセスの際、SMSで確認を行えるという理由から携帯電話番号での登録をすすめています。登録メールアドレスを覚えておかなくてもよい、という点では便利ですが、セキュリティに不安がある場合はメールアドレスでの登録がおすすめです。

(13) <OK>をタップします。

(14) Facebook使用中に位置情報の利用を許可する場合は<許可>、許可しない場合は<許可しない>をタップします。

(15) アプリでのアカウント登録が完了します。

(16) 登録したメールアドレスにFacebookアカウントの認証コードが届くので、メールを開き、<アカウントを認証>をタップします。

(17) 登録したパスワードを入力し、<ログイン>をタップします。ログインができたら、画面左上の<完了>をタップします。

Memo 認証コードを求められたときは

手順⑮以降で認証コードを求められた場合は、メールに記載されていた認証コードを入力します。

第1章 ◆ Facebookを始めよう

Section 06

Facebookの画面を理解する

「Facebook」アプリでメインとなるのは、ニュースフィード画面です。この画面からFacebookのさまざまな機能にアクセスできます。画面構成を把握して、Facebookを使いこなしていきましょう。

iPhone版の画面の見かた

❶	キーワードで投稿を検索したり、友達、グループ、Facebookページを探す際に利用します。
❷	「Messenger」アプリ（Sec.33参照）を通じて友達からメッセージが届いたときに通知が表示されます。
❸	「投稿を作成」画面へ移動し、ニュースフィードに近況の投稿ができます。
❹	ライブ動画の配信ができます。
❺	すばやく写真の投稿ができます。
❻	近くのスポットの一覧が表示され、今いる場所を投稿できます。
❼	24時間限定で動画や写真を投稿できる「ストーリーズ」を作成・投稿できます。
❽	自分の投稿やシェアした記事、友達の投稿などが表示されます。「いいね!」を付けたFacebookページの記事も表示されます。
❾	ほかの画面からニュースフィード画面に戻ることができます。
❿	この部分（ナビゲーションバー）には、よく使うメニューのアイコンが表示されます。表示されるアイコンは、自動的にカスタマイズされて表示されるため、本書と同じアイコンが表示されない場合があります。この画面では、友達、プロフィール、グループのアイコンが表示されています。
⓫	友達の投稿や自分の投稿へのコメント、「いいね!」を付けたFacebookページの更新など、新着情報のお知らせが確認できます。
⓬	各機能や、通知設定、アカウントのセキュリティなど、Facebookに関する各種「メニュー」画面に移動します。

Androidスマホ版の画面の見かた

❶	Facebookカメラが起動し、撮影した写真や動画を友だちにシェアすることができます。
❷	キーワードで投稿を検索したり、友達、グループ、Facebookページを探すのに利用します。
❸	「Messenger」アプリ（Sec.33参照）を通じて友達からメッセージが届いたときに通知が表示されます。
❹	ほかの画面からニュースフィード画面に戻ることができます。
❺	この部分（ナビゲーションバー）には、よく使うメニューのアイコンが表示されます。表示されるアイコンは、自動的にカスタマイズされて表示されるため、本書と同じアイコンが表示されない場合があります。この画面では、友達、プロフィール、グループのアイコンが表示されています。
❻	友達の投稿や自分の投稿へのコメント、「いいね!」を付けたFacebookページの更新など、新着情報のお知らせが確認できます。
❼	各機能や、通知設定、アカウントのセキュリティなど、Facebookに関する各種「メニュー」画面に移動します。
❽	「投稿を作成」画面へ移動し、近況の投稿ができます。
❾	すばやく写真の投稿ができます。
❿	24時間限定で動画や写真を投稿できる「ストーリーズ」を作成・投稿できます。
⓫	自分の投稿やシェアした記事、友達の投稿などが表示されます。「いいね!」を付けたFacebookページの記事も表示されます。

Memo ナビゲーションバーの違い

ナビゲーションバーに表示される機能アイコンは、環境によって異なります。本書では、P.20～21の画面を基本に解説していますが、使用中の環境でアイコンが表示されていない場合は、P.20の⓬やP.21の❼をタップすることで表示される「メニュー」画面から、利用することができます。

第1章 ◆ Facebookを始めよう

Section 07 プロフィール情報を登録する

プロフィールの情報を登録すると、そこからFacebook内に友達の輪が広がります。すべての項目の登録が必須なわけではありません。自分が許容するプライバシーの範囲で設定していきましょう。

プロフィールの設定をする

① P.16手順①を参考に「Facebook」アプリを起動し、⑧をタップします。

② ＜スタート＞をタップします。

③ 居住地の情報が登録できます。＜クリックして市区町村を追加＞をタップします。

Memo 地名や学校名が候補にないときは

居住地や大学などを入力するとFacebookのデータベースに登録されているものが候補に表示されます。候補に表示されない地名や学校名は公式アプリでの登録ができないので、モバイル用Facebook（Sec.55参照）やパソコン用Facebook（Sec.56参照）から登録しましょう。

④ 居住地を入力し、入力欄の下にアイコン付きで表示された候補をタップします。

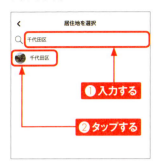

⑤ ＜保存＞をタップします。

⑥ 出身地の情報も、手順③～④を参考に登録し、＜保存＞をタップします。

⑦ 高校の情報が登録できます。ここでは＜スキップ＞をタップします。

⑧ 大学の情報も、手順③～④を参考に登録し、＜保存＞をタップします。

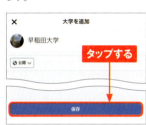

Memo プロフィールの情報はどこまで登録する？

Facebookでは、居住地、出身地、高校、大学、会社、交際ステータスなどの情報をプロフィールに登録できます。高校や大学は入学年度や卒業年度の登録も行えます。これらの情報を登録することによって、Facebookを利用している知り合いが探しやすくなります。プライバシー情報をあまり表に出したくないなら、公開したくない情報の項目の入力はスキップをするか、 ◎公開∨ をタップして公開範囲を設定しましょう。公開範囲の設定はあとからでもできます（P.27 Memo参照）。

⑨ 勤務先の情報が登録できます。<クリックして会社を追加>をタップします。

⑩ 会社名を入力します。入力欄の下に候補が表示されない場合は<「○○（ここでは、株式会社リンクアップ）」を追加>をタップします。

⑪ 役職、場所、仕事内容を任意で入力し、勤務開始日を設定して、<保存>をタップします。

⑫ 交際ステータスの情報が登録できます。ここでは<スキップ>をタップします。

⑬ カバー写真が登録できます。ここでは<スキップ>をタップします。

⑭ ディスプレイ（プロフィール）写真が登録できます。＜写真を選択＞をタップします。

⑮ ＜次へ＞をタップします。

⑯ ＜OK＞をタップします。

⑰ 本体内の写真が表示されるので、使いたい画像をタップします。

⑱ ＜編集＞をタップすると、トリミングの調整や加工ができます。編集が終わったら、＜保存＞をタップします。

⑲ ＜プロフィールを見る＞をタップします。

Section 08

自分のプロフィールを確認する

プロフィールの登録が完了したら、一度その内容を確認してみましょう。プロフィールは、自分のFacebookの世界を広げる窓口になるものです。インターネット上に、どのような情報が公開されているか把握しておきましょう。

基本データを見る

① ⓔをタップします。

② 上方向にスワイプします。

③ <基本データを見る>をタップします。

④ 自分のプロフィール情報が表示されます。

Memo プロフィール情報を追加する

手順④の画面で、<○○を追加>などをタップすると、新たな情報の追加をすることができます。なお、Facebookは実名登録が基本ですが、<ニックネームや生まれた時の名前を追加>をタップすることで、結婚前の旧姓やビジネスネーム、ペンネームなど、別名を登録することもできます（Sec.65参照）。登録したニックネームはFacebook内で検索の対象となるため、Facebook内でのつながりがより広がります。

👥 プロフィールを編集する

① P.26手順④の画面で編集したい項目の…をタップします。ここでは、「住んだことがある場所」の「居住地」を編集します。

② ＜現在の居住地を編集＞をタップします。

③ 登録されている居住地の名前（ここでは＜千代田区＞）をタップします。

④ P.23手順④を参考に変更したい居住地名を入力し、＜保存＞をタップします。

Memo プロフィール情報の公開範囲を変更する

手順②で＜プライバシー設定：公開＞をタップすると、「公開」「友達」「自分のみ」へ公開範囲を変更できます。「公開」「友達」「自分のみ」の説明については、P.29のMemoを参照してください。項目ごとに公開設定を変更できるため、友達に勤務先は公開するが、ほかのユーザーには隠しておく、といった使い方ができます。

第1章 ◆ Facebookを始めよう

Section
09
プライバシー設定の基本を押さえる

実名登録が基本のFacebookを楽しむうえで、プライバシー設定は重要です。初期状態では近況の投稿などは、すべて誰でも見られる全体公開となっています。ここでは投稿の公開範囲設定など、基本となるセキュリティ対策を紹介します。

プライバシーセンターを表示する

① ≡をタップします。

② 上方向にスワイプし、<設定とプライバシー>をタップします。

③ <プライバシーセンター>をタップします。

④ プライバシーセンターが表示されます。

Memo プライバシーセンターとは？

プライバシーセンターでは、Facebookでシェアするコンテンツの公開範囲の設定やセキュリティの管理などができます。Facebookを安全に利用するためにもしっかりと設定をしましょう。なお、プライバシーセンターでより詳細な設定をする方法はSec.57で解説しています。

重要なプライバシーを設定する

① P.28手順④の画面で、＜重要なプライバシー設定を確認＞をタップします。

② ＜次へ＞をタップします。

③ 次回からの投稿の基本的な公開範囲を設定できます。▼をタップします。

④ 標準では＜公開＞＜友達＞＜次を除く友達＞から選択してタップし、＜完了＞をタップします。

⑤ ＜次へ＞をタップします。

Memo 公開範囲について

手順④で選択する公開範囲について、「公開」はFacebookユーザーだけでなく、ユーザーでない人も閲覧できるようになり、「友達」はFacebook内で友達登録した人だけに投稿が公開されます。「一部を除く友達」は、投稿を見せたくない友達を選択することで、そのほかの友達にだけ投稿が公開されます（Sec.10参照）。「自分のみ」では、自分のみが投稿の閲覧ができる非公開の投稿となりますが、タグ付け（Sec.26参照）をした場合は、その友達も閲覧することが可能になります。

⑥ プロフィールの公開範囲を設定できます。変更したい項目（ここでは「居住地」）の▼をタップします。

⑦ ここでは、<自分のみ>をタップします。

⑧ <次へ>をタップします。

⑨ Facebookアカウントを利用してほかのアプリやWebサイトにログインした場合、その一覧が表示されます。アプリやWebサイトを削除する場合は、〇をタップしてチェックを付け、<削除>をタップします。

⑩ 〇→<削除>の順にタップします。

⑪ <完了>→<次へ>の順にタップします。

⑫ プライバシー設定の確認が完了します。<閉じる>をタップします。

第 **2** 章

Facebookに投稿
してみよう

Section **10**	近況を投稿する
Section **11**	知り合いを検索して友達リクエストを送る
Section **12**	もっと友達を探す
Section **13**	友達リクエストに応答する
Section **14**	有名人の投稿をフォローする
Section **15**	ニュースフィードを見る
Section **16**	友達の近況や写真を見る
Section **17**	投稿に「いいね!」やコメントを付ける
Section **18**	友達の投稿をシェアする
Section **19**	自分のタイムラインやアクティビティを見る
Section **20**	過去の投稿を編集する
Section **21**	過去の投稿や写真の公開範囲を変更する
Section **22**	自分の投稿を削除する

第 2 章 ◆ Facebookに投稿してみよう

Section 10

近況を投稿する

近況は、あなたの"今"を投稿する、Facebookの基本となる機能です。投稿ごとに公開範囲を設定できるので、幅広く近況をアピールするだけでなく、親しい友達への一斉メールのような使い方もできます。

近況を投稿する

(1) ＜今なにしてる?＞をタップします。

(2) 近況を入力します。そのまま投稿する場合は、P.33手順⑤へ進んでください。

(3) 公開範囲を変更する場合は、「アルバム」の左側にある▼をタップします。

(4) 投稿の公開範囲（ここでは＜友達＞）をタップして設定し、＜完了＞をタップします。

⑤ <投稿>をタップします。

⑥ 近況が投稿され、ニュースフィードに表示されます。

特定の友達には公開せず近況を投稿する

① P.32手順④の画面で、<一部を除く友達>をタップします。

② 友達が表示されるので、投稿する近況を見せたくない人をタップして、<完了>をタップします。

③ <完了>をタップします。

④ <投稿>をタップします。

第2章 ◆ Facebookに投稿してみよう

Section
11

知り合いを検索して友達リクエストを送る

知り合いの中には、Facebookを利用している人もいるかと思います。Facebookの検索機能を利用して、すでにFacebookを始めている友達に友達リクエストを送ってみましょう。

知り合いを検索して友達リクエストを送る

(1) 👥をタップし、画面右上の🔍をタップします。

(2) ＜Facebookを検索＞をタップし、知り合いの名前を入力して、キーボードの＜検索＞をタップします。

(3) ＜人物＞をタップします。

(4) 検索結果の中から知り合いと思われるアカウントのアイコン画像をタップします。

(5) 基本データや投稿されている近況などを確認し、知り合いであることが確認できたら＜友達になる＞をタップします。

⑥ 友達リクエストを送った知り合いが友達リクエストに承認すると、👥に数字が表示されます。👥をタップします。

⑦ 友達リクエストが承認されたことが確認できます。

Memo 友達リクエストをキャンセルする

送信した友達リクエストを取りやめたい場合は、手順⑤の画面で、「友達になる」から表示が変わった<キャンセル>をタップし、<リクエストをキャンセル>をタップするとキャンセルされます。この操作で相手への友達リクエストの通知も行われなくなります。

Memo 検索から友達リクエストを送る

ニュースフィードなどの上部にある検索からでも、友達を検索し、友達リクエストを送ることができます。🔍→<Facebookを検索>の順にタップし、友達・知人の名前を入力します。知り合いと思われるアカウントが表示されたらアイコン画像をタップして、以降はP.34手順⑤を参照にしてください。

第2章 ◆ Facebookに投稿してみよう

Section
12

もっと友達を探す

iPhoneやAndroidスマホのアドレス帳にすでに登録されている知り合いに、Facebookの友達リクエストを送ってみましょう。「リクエスト」に表示される「知り合いかも」から友達を探す方法もあります。

連絡先を利用して友達リクエストを送る

① ≡ をタップします。

② ＜設定とプライバシー＞→＜設定＞→＜連絡先をアップロード＞の順にタップします。

③ 「連絡先をアップロード」の ○ をタップします。

④ ＜スタート＞をタップします。

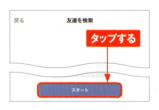

⑤ ＜OK＞をタップします。

⑥ ＜OK＞をタップします。

⑦ iPhoneの「連絡先」アプリに登録され、Facebookを利用している知り合いの名前がリスト表示されます。＜友達になる＞をタップすると、友達リクエストが送られます。

「知り合いかも」から友達を探す

① 👥をタップします。

② 「知り合いかも」のリストが表示されます。＜友達になる＞をタップして友達リクエストを送ります。

Memo 「知り合いかも」に表示されたくない場合は？

「知り合いかも」の一覧には、友達の友達や、学歴や職歴が重なるFacebookユーザーが表示されます。ということは、あなたも誰かのFacebookの「知り合いかも」に表示されているということです。自分を表示させたくない場合は、プライバシー設定で表示される可能性を下げることができます。まずはFacebook内の友達を最小限に限定しましょう。友達が多ければ、それだけつながりも増え、「知り合いかも」に表示される可能性は高くなります。
また、学歴、職歴は登録しないようにします。この登録がないだけで、ほかの人の「知り合いかも」に表示される可能性はグッと下がります。

第2章 ◆ Facebookに投稿してみよう

Section

13 友達リクエストに応答する

Facebookを始めると、友達リクエストが送られてきます。名前検索で、懐かしい同級生から友達リクエストが送られてくるかもしれません。知り合いからであれば、友達リクエストを承認して友達を増やしていきましょう。

友達リクエストを承認する

① ☺に数字が表示されたらタップします。

② 友達リクエストを申請しているアカウントが表示されます。アイコン画像をタップします。

③ 友達リクエストを申請しているアカウントが投稿した写真や登録している友達が表示されます。

Memo 不審な友達リクエスト

送られてきた友達リクエストのアカウントが明らかに悪質な業者などだった場合は、手順③の画面で、右上の✿→＜ブロックする＞の順にタップしてブロックしましょう。

④ 上へスワイプして近況の投稿などを見るか、または＜○○さんの基本データを見る＞をタップするなどをして、知り合いかどうかを確認します。

⑤ 知り合いであれば、＜返信＞をタップします。

⑥ ＜リクエストを承認＞をタップします。

⑦ 友達に登録されます。

Memo 友達になりたくない人から友達リクエストがきた場合

Facebookでつながりたくない相手から、友達リクエストがくる場合もあります。まったく知らない人からきた場合は、承認しないほうがよいでしょう。友達リクエストがきたときに手順②の画面で＜削除＞をタップすれば、今後そのユーザーはあなたに友達リクエストが送れなくなります。

いちばん困るのが、実際の生活の中では顔見知りでも、あまり交流したくない人からの友達リクエストです。気の合わない人や会社の上司、取引先の人などには、私生活の情報を公開したくない場合もあります。関係上、仕方なく友達リクエストを承認する場合は、その人だけに自分の投稿を見られないように設定することができます（P.33参照）。

第2章 ◆ Facebookに投稿してみよう

Section 14

有名人の投稿をフォローする

多くの有名人が、Facebookを利用しています。公式ページを持つ有名人に友達リクエストをすることはできませんが、投稿を購読(フォロー)することはできます。フォローすれば投稿された近況を自分のニュースフィードに表示させることができます。

有名人をフォローする

1. 🔍 をタップします。

2. フォローしたい有名人の名前を入力して検索します。検索結果に表示された名前をタップします。

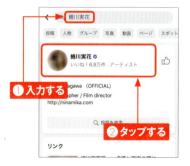

3. <フォローする>をタップします。

4. <フォロー中>に表示が変わり、フォローが完了します。

5. ニュースフィードに、フォローした有名人の投稿が表示されます。

👥 フォローを解除する

① ニュースフィード画面でフォローしている有名人の投稿を表示し、プロフィールアイコンをタップします。

② ＜フォロー中＞をタップします。

③ 「お知らせを受け取る」の●をタップしてオフにし、＜フォローをやめる＞をタップします。

④ フォローが解除されます。

Memo 友達やFacebookページのフォローをやめる

さほど親しくない人からの投稿で、自分のニュースフィードが埋め尽くされてしまったという場合は、フォローの機能を利用して、特定の友達の投稿を非表示にすることもできます。フォローを解除した場合、友達の関係は保たれたままとなり、フォロー解除の通知も相手には届きません。≡→＜設定とプライバシー＞→＜設定＞→＜ニュースフィードの設定＞の順にタップし、＜フォローをやめて投稿を非表示にする＞をタップするとフォロー中の友達やFacebookページなどが表示されます。ニュースフィードで非表示にしたい友達をタップすると、「フォローをやめた」と表示され、フォローが解除されます。また、ニュースフィードに表示される友達の投稿の右上の…→＜○○さんのフォローをやめる＞の順にタップすることでもフォローをやめることができます。

41

第2章 ◆ Facebookに投稿してみよう

Section **15**

ニュースフィードを見る

Facebookアプリを起動すると、ニュースフィードが表示されます。友達との交流や情報収集の場として活用しましょう。なお、ニュースフィードは必ずしも投稿の時系列順に表示されるわけではないので、注意しましょう。

ニュースフィードを見る

① アプリを起動するとニュースフィード画面が表示されます。ほかの画面からは、をタップすると表示されます。

② 「今なにしてる?」を表示した状態で、ニュースフィード画面を下へドラッグします。

③ ニュースフィードが更新されます。

Memo 表示される投稿について

ニュースフィードに表示される投稿は、投稿の時系列で並んでいるわけではありません。友達が投稿した近況や写真に対して、関連性やコメント数、いいね!された数などをもとに独自のアルゴリズムによって表示されます。投稿を時系列で見たい場合は、P.43を参照してください。

🔢 新着順に投稿を見る

① ≡ →＜もっと見る＞の順にタップします。

② ＜最新情報＞をタップします。

③ 自分や友達、フォローしたユーザーなどすべての投稿が、時系列順に並んで表示されます。

Memo 特定の投稿を非表示にする

ニュースフィードに表示される投稿の中には、不快に思う投稿や、見たくない投稿も表示されてしまう可能性があります。そういった投稿は個別に非表示にすることができます。詳しくはSec.53を参照してください。なお、非表示にした投稿は、アクティビティログ（P.51参照）の「タイムラインで非表示」で確認できます。

第 2 章 ◆ Facebookに投稿してみよう

Section

16

友達の近況や写真を見る

友達がこれまでに投稿した近況や写真などを見たい場合は、友達のタイムライン画面へ移動しましょう。基本データやその友達が承認している友達、過去に投稿した近況や写真などを見ることができます。

友達を検索して近況や写真を見る

① 🔍 をタップします。

③ 友達のプロフィール画面が表示されます。＜基本データ＞や＜写真＞、＜友達＞をタップすると、それぞれ見ることができます。画面を上方向にスワイプします。

② ＜Facebookを検索＞をタップし、友達の名前を入力します。該当するユーザーが一覧の中に見つかったら、タップします。

④ 友達のタイムライン画面が表示されます。投稿された近況などを見ることができます。

タイムラインから近況や写真を見る

① ⓒをタップします。

② ＜すべての友達を見る＞をタップします。

③ 友達のリストが表示されるので、近況や写真を見たい友達をタップします。

④ P.44手順③、④を参考に近況や写真を見ましょう。

第2章 ◆ Facebookに投稿してみよう

Section
17

投稿に「いいね!」やコメントを付ける

「いいね!」やコメントは、Facebookの交流の基本です。手軽に共感を示し、ちょっとした会話を楽しむことから始めましょう。積極的に「いいね!」やコメントを付けて、Facebookならではのコミュニケーションを深めていきましょう。

投稿に「いいね!」やコメントを付ける

① ニュースフィードに表示されている友達の投稿で、気に入った投稿や共感できる投稿の<いいね!>をタップします。

② 「いいね!」が付きます。コメントを付ける場合は、<コメントする>をタップします。

③ コメントを入力し、➤をタップします。

④ 投稿にコメントを付けることができます。

🖳 コメントを編集、削除する

① コメントを編集、削除したい投稿の＜コメント○件＞をタップします。

② 編集、削除したい自分のコメントをタップします。

③ 編集したい場合は＜編集＞を、削除したい場合は＜削除する＞→＜削除＞の順にタップします。ここでは、＜編集＞をタップします。

④ コメントを修正し、＜更新＞をタップします。

Memo 「長押しリアクション」で気持ちを伝える

＜いいね!＞を長押しすると、「超いいね!」や「すごいね」、「悲しいね」といったリアクションができます。投稿に共感したときの気持ちを友達に伝えるのに便利です。

Memo 「いいね!」を取り消す

間違えて「いいね!」を付けてしまった場合、青字で表示されている＜いいね!＞をタップすると取り消すことができます。

第2章 ◆ Facebookに投稿してみよう

Section

18

友達の投稿をシェアする

シェアとは、有益な情報を自分の友達にも広めたい（共有したい）ときに利用する機能で、Twitterのリツイートに近い機能です。友達のこの投稿をもっと多くの人に見てもらいたい、というときに利用しましょう。

友達の投稿をシェアする

① シェアしたい投稿の＜シェア＞をタップします。

③ 投稿がシェアされ、ニュースフィードに表示されます。

② ＜投稿する＞→＜投稿＞の順にタップします。

Memo シェアされるとどうなる

友達に自分の投稿をシェアされると「お知らせ」画面に通知が届きます。友達にシェアされた投稿の公開範囲についてはP.49のMemoを参照してください。

👥 コメントを付けてシェアする

① コメントを付けてシェアしたい投稿の＜シェア＞をタップします。

③ ＜このリンクについてテキストを入力＞をタップし、コメントを入力して、＜投稿＞をタップします。

② ＜投稿する＞をタップします。

④ コメントを付けて投稿がシェアされます。

Memo あくまでも公開範囲内での共有となる

もとの投稿の公開範囲が「公開」で設定されている場合、多くのユーザーがシェアすることで、Twitterのリツイートのように投稿は拡散されていきます。ただし、もとの投稿の公開範囲が「友達」になっている場合は、その設定を超えて拡散されることはありません。
例外的に、WebサイトのリンクやWebサイト上にある写真、動画などを紹介した投稿をシェアした場合は、投稿の公開範囲を超えて広くシェアすることができます。その場合も、「友達」の公開範囲を超えて公開する場合は、自動的にもとの投稿者の名前やコメントなどは表示されません。

第2章 ◆ Facebookに投稿してみよう

Section
19

自分のタイムラインや
アクティビティを見る

自分の投稿やシェアした記事など、自分発信の情報がまとめられているのがタイムラインです。それに加え、コメントや「いいね!」、プロフィールの画像の変更など、Facebook上で行った操作の履歴をまとめているのがアクティビティログになります。

自分のタイムラインを見る

① をタップします。

② プロフィール画面が表示されます。上へスワイプすると、タイムラインが表示されます。

③ 投稿をさかのぼって見ることができます。また、登録したプロフィール情報にもとづいた出来事なども表示されます。

Memo 友達のタイムラインに投稿する

友達への謝辞やお祝いの言葉を友達のタイムラインに投稿することができます。自分のプロフィール画面の「友達」からタイムラインに投稿したい友達をタップし、友達のプロフィール画面上部にある•••→<投稿>の順にタップしてコメントを入力します。<投稿>をタップすると、友達のタイムラインに投稿が表示され、友達の友達にも公開されます。

👥 アクティビティを見る

(1) ②→⚙→＜アクティビティログ＞の順にタップします。

(2) 「アクティビティログ」画面が表示され、すべてのアクティビティが表示されます。＜カテゴリ＞をタップします。

(3) リストにある個々のアクティビティをタップすると、具体的な内容を確認することができます。ここでは、＜写真・動画＞をタップします。

(4) 手順③で選択したアクティビティが絞られて表示されます。各項目をタップすると、より詳しく見ることができます。

Memo アクティビティとは

投稿やシェア、コメントや「いいね!」を付けるなど、Facebook上で行うアクションをアクティビティと呼びます。誰といつ友達になった、誰の記事をフォローした、などといったアクションもすべてアクティビティになります。すべてのアクティビティはそれらが一覧表示されているアクティビティログで閲覧することができます。なお、アクティビティログを閲覧できるのは自分のみです。また、「アクティビティログ」画面で＜年＞をタップすると、各年ごとのアクティビティログに絞って閲覧することができます。

第2章 ◆ Facebookに投稿してみよう

Section 20 過去の投稿を編集する

タイムラインを閲覧すると、「近況の投稿に、間違えたことを書いてしまった」と、あとから気が付くときがあります。投稿は、公開したあとでもテキストの内容を編集することができますので、焦らず修正を行いましょう。

近況のテキストを編集する

① ⓐをタップし、プロフィール画面を表示します。

② 上にスワイプしてタイムラインを表示し、編集したい投稿の … をタップします。

③ <投稿を編集>をタップします。

Memo 投稿した写真の編集はできない

近況にアップロードした写真は、ほかの写真と差し替えたり、トリミングなどほかの編集を行うことはできません。写真の投稿を取り消したいときは、写真を削除するしかありませんが、写真を削除すると、投稿自体が削除されます（Sec.22参照）。

④ 投稿内容を編集し、<保存する>をタップします。

⑤ 投稿が編集されます。

Memo テキストの編集履歴は公開される

編集した投稿は、…をタップし、<編集履歴を表示>をタップすると編集の内容を確認することができます。この履歴は自分だけでなく、この投稿の公開範囲であるユーザーが閲覧できます。

第2章 ◆ Facebookに投稿してみよう

Section 21

過去の投稿や写真の公開範囲を変更する

文章や画像の投稿は、インターネット全体に公開するか、Facebookの友達だけに公開するかなど、それぞれに公開する範囲を設定できます。公開範囲は投稿したあとからでも、変更することができます。

投稿の公開範囲を変更する

① 公開範囲を変更したい投稿の…をタップします。

③ 変更したい公開範囲をタップして選択します。ここでは<公開>をタップし、<完了>をタップします。

② <プライバシー設定を編集>をタップします。

④ 公開範囲が変更されます。

写真の公開範囲を変更する

(1) 公開範囲を変更したい画像をタップします。

(2) ■をタップします。

(3) ＜投稿のプライバシーを編集＞をタップします。

(4) 変更したい公開範囲をタップして選択します。ここでは＜公開＞をタップし、＜完了＞をタップします。

(5) 公開範囲が変更されます。

第2章 Facebookに投稿してみよう

Section 22

自分の投稿を削除する

間違ったことを書いたり、投稿した画像を取り消したいときは、投稿自体を削除してしまいましょう。削除すれば投稿した履歴も消去され、その痕跡も消すことができます。他人に迷惑をかけるような投稿をしてしまった場合は、即座に削除しましょう。

過去の投稿を削除する

① P.52を参考にプロフィール画面を表示し、上へスワイプします。

② タイムラインを表示し、削除したい投稿の…をタップします。

③ <削除>をタップします。

④ <投稿を削除>をタップします。

Memo 画像を削除する

Facebookにアップロードした画像を削除すると、その投稿自体が削除され、アップロードした履歴も残りません。P.55手順③の画面で<写真を削除>→<削除>の順にタップすると、削除を行うことができます。

第3章

写真や動画を投稿して楽しもう

Section 23	写真や動画付きの近況を投稿する
Section 24	アルバムで写真を公開する
Section 25	友達のアルバムを見る
Section 26	タグを付けて友達に知らせる
Section 27	ハッシュタグでキーワードを追加して投稿する
Section 28	今いる場所を投稿する
Section 29	近くのスポットをチェックする
Section 30	コメントを確認する
Section 31	WebページをFacebookに投稿する
Section 32	いろいろな投稿機能で投稿する

第3章 ◆ 写真や動画を投稿して楽しもう

Section 23

写真や動画付きの近況を投稿する

Facebookは写真や動画を付けて近況を投稿することができます。iPhoneやAndroidスマホで撮影した写真や動画は、あなたの"今"を伝えるのにぴったりです。視覚的コミュニケーションで、ニュースフィードをより盛り上げましょう。

近況に写真や動画を付けて投稿する

① ＜今なにしてる?＞をタップします（ここで＜写真＞をタップすると、手順③の画面が表示されます）。

② リストから＜写真・動画＞をタップします。

③ 投稿したい写真や動画をタップし、＜完了＞をタップします。

④ 文章を入力し、＜投稿＞をタップします。

58

投稿する写真や動画を編集する

① P.58を参考に、投稿したい写真や動画を選択し、「投稿を作成」画面を表示します。

② ここでは、写真を編集する方法を解説します。＜編集＞（複数の写真を選択した場合は、写真をタップし、編集したい写真の＜編集＞）をタップします。

③ 右上のアイコンをタップすると、タグ付けやスタンプの貼り付け、文字の挿入などができます（写真へのタグ付けはP.71参照）。ここでは、 をタップします。

④ 貼り付けたいスタンプをタップします。

⑤ 貼り付けたスタンプは、タップしてスタイルを変更したり、場所の移動や大きさを変更したりすることができます。編集したら、＜次へ＞をタップします。

⑥ （複数の写真を選択した場合は＜完了＞をタップし、）文章を入力して、＜投稿＞をタップします。

Memo 360度写真を投稿できる

360度写真とは、上下、前後、左右のどの角度からも見ることができる写真のことです。専用の360度撮影対応カメラで撮影した写真やiPhoneで撮影したパノラマ写真を投稿すると自動的に360度写真に変換されます。

Memo 動画の編集

動画の編集画面では、動画の長さの編集やサムネイルの変更などができます。なお、iPhoneでは動画にスタンプの貼り付けや文字の挿入などができますが、Androidスマホではできないので注意しましょう。

第3章 ◆ 写真や動画を投稿して楽しもう

Section
24 アルバムで写真を公開する

Facebookでは「アルバム」機能を使って写真の整理・管理を行うことができます。アルバムごとに公開範囲を設定できるので、家族や仲間と写真を共有するときにも非常に便利です。

アルバムを作成する

1. ⊙ をタップし、＜写真＞をタップします。

2. ＜アルバム＞をタップします。

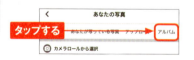

3. ＜アルバムを作成＞をタップします。

4. アルバムのタイトルと説明文を入力し、＜保存＞をタップします。アルバムの公開範囲についてはP.64を参照してください。

Memo アルバムとは

アルバムはFacebookへアップロードした写真を分類する機能です。タイトルや説明文、個々の写真にキャプションを入れることができます。アルバムはいくつでも作ることができ、1つのアルバムには写真を1,000枚までアップロードすることが可能です。なお、「プロフィール写真」など自動的に作成されるアルバムもあります。

(5) ⊞をタップし、＜写真／動画を追加＞をタップします。

(6) 端末に保存されている画像が表示されるので、アルバムに入れたい写真をタップし、＜完了＞をタップします。

(7) 写真をタップすることで、各写真にキャプションを入力できます。任意でコメントを入力し、＜アップロード＞をタップします。

(8) アルバムに写真が追加され、アルバムに追加した写真がニュースフィードに投稿されます。

Memo 作成したアルバムを見る

作成したアルバムは、P.60手順❸の画面から見ることができます。作成したアルバムに写真を追加する方法はP.62を参照してください。

🖼 アルバムに写真を追加する

1 P.60手順③の画面で、写真を追加したいアルバムをタップします。

2 ＜写真/動画を追加＞をタップします。

3 追加したい写真をタップし、＜完了＞をタップします。

4 任意でコメントを入力し、＜アップロード＞をタップします。

タイトルや説明文を編集する

(1) P.60の手順❸の画面で、タイトルや説明文を編集したいアルバムをタップします。

(2) …をタップします。

(3) タイトルや説明文を修正し、<保存>をタップします。

(4) アルバムのタイトルや説明文の編集が完了します。

Memo 自動作成されるアルバムは編集できない

「携帯アップロード」や「プロフィール写真」など、自動的に作成されるアルバムのタイトルや説明文を編集することはできません。

アルバムの公開範囲を変更する

① P.63手順③の画面で、>をタップします

② 変更したい公開範囲をタップします。なお、アルバム内の写真は個別に公開範囲を設定することはできません。

③ <保存>をタップします。

Memo 特定の友達だけが閲覧できるように設定する

アルバムを公開する相手を特定の友達に限定したい場合は、アルバム作成時に公開範囲の設定を行いましょう。作成後に特定の友達だけに個別に設定することはできません。P.60手順④のアルバム作成画面で、>→<すべて見る>→<一部の友達>→閲覧を許可する友達の順にタップし、<完了>をタップすると設定されます。

アルバムを削除する

① P.60手順③の画面で、＜編集＞をタップします。

③ ＜削除＞をタップします。

② 作成したアルバムの左上に ⊗ が表示されます。削除したいアルバムの ⊗ をタップします。

④ ＜完了＞をタップします。

Memo アルバムの写真を個別に削除する

アルバム内の写真は、個別に削除が可能です。手順①の画面で削除したい写真のある「アルバム」をタップします。「アルバム」内の削除したい写真をタップし、■■■→＜写真を削除＞→＜削除＞の順にタップすると、個別に写真を削除することができます。

第 3 章 ◆ 写真や動画を投稿して楽しもう

友達のアルバムを見る

Facebookのアルバムには、特別な日の思い出やさまざまなシーンが保存されています。自分でアルバムを作成するだけでなく、友達のアルバムも見てみましょう。「いいね!」やコメントを付ければ、きっと喜んでもらえます。

友達のアルバムを見る

1 をタップし、＜すべての友達＞をタップします。

2 アルバムを見たい友達のアイコンをタップします。

3 上方向にスワイプし、＜写真＞をタップします。

4 ＜アルバム＞をタップし、見たいアルバムをタップします。

⑤ アルバムが表示されます。サムネイルをタップします。

⑥ 全画面表示で閲覧することができます。

Memo 友達のアルバムや写真に「いいね!」やコメントを付ける

アルバムや個別の写真に「いいね!」やコメントを付けることができます。手順⑤の画面で<コメントする>をタップしてコメントを入力し、▶をタップすると、アルバムにコメントが付きます。なお、「いいね!」や「コメントする」が表示されないアルバムもあります。また、全画面表示した写真をタップすると個別の写真に「いいね!」やコメントを付けることができます。

Section 26 タグを付けて友達に知らせる

第3章 ◆ 写真や動画を投稿して楽しもう

タグ付けは、文章や写真に友達のFacebookアカウントのリンクを作成できる機能です。近況の投稿でタグ付けすれば、一緒にいる人を公表することができます。タグをタップすると、その友達のプロフィール画面へリンクします。

タグ付けの種類を確認する

●投稿にタグ付け

投稿時に一緒にいる人をタグ付けし、投稿します。「投稿を作成」画面のリストから「タグ付け」を行います。

> 宗田 みゆきさんは 山田春子 さんと一緒にいます。
> 数秒前・
> カフェでお茶してきました～
> いいね！　コメントする　シェア
> アルバム「東京」

●投稿の文章にタグ付け

投稿の文章を入力する際に「@○○（友達の名前）」を入力することでタグ付けが行えます。

●写真にタグ付け

写真に写っている友達の顔にタグ付けをします。タイムライン上で写真を見たときにその友達の名前が表示されます。

投稿時に一緒にいる人をタグ付けする

① ニュースフィード画面で＜今なにしてる?＞をタップし、文章を入力します。リストから＜友達をタグ付け＞をタップします。

② タグ付けできる友達一覧が表示されます。現在、一緒にいる友達をタップし、＜完了＞をタップします。

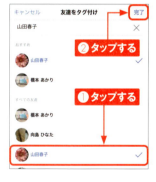

③ タグ付けした友達の名前が表示されます。＜投稿＞をタップします。

④ タグを付けて近況が投稿されます。友達の名前部分をタップします。

⑤ 友達のプロフィール画面が表示されます。

Memo タグ付けとプライバシー

近況の投稿でタグ付けをすると、タグ付けされた人の名前や写真が広く公開されることになります。タグ付けすることで友達の行動もネット上で公開することになるわけですから、友達のプライバシーも十分配慮して使うことが必要です。また、自分が友達に勝手にタグ付けされないよう、タグ付けをしようとすると承認依頼が来るように設定することもできます（Sec.69参照）。

投稿中の文章にタグ付けする

① ニュースフィード画面で＜今なにしてる?＞をタップします。

② 文章を入力する際に、「@」を付けてから友達の名前を入力すると、タグ付けできる友達の選択項目が表示されるので、タグ付けする友達をタップします。

③ ＜投稿＞をタップし、投稿します。

④ 文章にタグを付けて近況が投稿されます。友達の名前部分をタップすると、友達のプロフィール画面が表示されます。

Memo コメントでタグ付けする

コメントを入力するとき、手順②のように「@」を付けてから友達の名前を入力すると、コメントでタグ付けすることができます。詳しくはP.79のMemoを参照してください。

写真にタグ付けする

① Sec.23を参考に友達の顔が写った写真を投稿に追加し、＜編集＞をタップします。

② をタップします。

③ 顔をタップし、候補から友達の名前をタップします。候補にない場合は、友達の名前を入力します。

④ ＜完了＞→＜次へ＞→＜投稿＞の順にタップし、投稿します。

⑤ 写真にタグを付けて近況が投稿されます。

Memo 自動で付けられたタグを外す

一度、写真にタグ付けをすると、写真に写った顔を自動的に判断して、同じ人が写っている写真には自動でタグ付けされます。タグを外したいときは、写真上に表示される友達の名前をタップし、✕をタップするとタグが削除できます。

第3章 ◆ 写真や動画を投稿して楽しもう

Section 27

ハッシュタグでキーワードを追加して投稿する

ハッシュタグとは、「#キーワード」のように「#」（ハッシュマーク）を頭に付けたキーワードのタグのことです。ハッシュタグを投稿の文章に付けると、同じハッシュタグを付けたほかのユーザーの投稿と結び付けられ、一括で閲覧することができます。

ハッシュタグを付けて投稿する

① ニュースフィード画面で＜今なにしてる？＞をタップして、文章を入力します。半角スペースを空けるか改行してから、「#キーワード」（ここでは「#東京大神宮」）を入力します。＜投稿＞をタップします。

② ハッシュタグ付きの近況が投稿されます。ハッシュタグをタップします。

③ ハッシュタグで検索が行われ、関連する投稿やFacebookページ、写真が表示されます。

Memo ハッシュタグとは

ハッシュタグとは、自分の投稿の文章に「検索キーワード」を付けるようなものです。Facebookの投稿にハッシュタグを付けることで同一の話題の投稿を探しやすくなり、Facebookで情報を集めたり、広めたりするのがよりかんたんになります。ハッシュタグを付けることで、自分の興味関心をアピールでき、また、同じ興味を持つFacebookユーザーが見つけやすくなり、新たな交流を作るきっかけにもなります。

ハッシュタグ検索を行う

① ニュースフィード画面で、🔍 をタップします。

② 「#」とあなたの興味・関心のあるキーワード（ここでは「#flower」）を入力し、キーボードの＜検索＞をタップします。

③ 同じハッシュタグを付けた投稿（公開範囲が「公開」の投稿のみ）が表示されます。

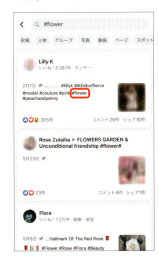

Memo ハッシュタグを使った投稿の公開範囲

ハッシュタグを使っていても、投稿の公開範囲はその投稿に設定した範囲が適用されます。例えば、公開範囲を「友達」に設定してハッシュタグ投稿を行った場合、あなたのハッシュタグを付けた投稿は友達以外は見ることはできません。

第3章 ◆ 写真や動画を投稿して楽しもう

Section
28

今いる場所を投稿する

iPhoneなどのモバイルでFacebookを使うなら、チェックインはぜひ使ってほしい機能です。チェックインは、自分が今いる場所を友達に知らせる機能です。ショップや飲食店、観光地など、さまざまなスポットから今いる場所を紹介できます。

今いる場所にチェックインする

① ニュースフィード画面で＜今なにしてる？＞をタップします（ここで＜チェックイン＞をタップすると、手順③の画面が表示されます）。

② リストから＜チェックイン＞をタップします。

③ 付近のスポットがリスト表示されます。今いる場所をタップします。

Memo 位置情報サービスをオンにする

近隣スポットを検索・表示するには、iPhoneの位置情報サービスをオンにしておく必要があります。「設定」アプリで＜プライバシー＞→＜位置情報サービス＞→＜Facebook＞の順にタップして、＜このAppの使用中のみ許可＞または＜常に許可＞をタップします。Androidスマホの場合も「設定」の位置情報の項目で設定しましょう。

④ 文章を入力し、＜投稿＞をタップします。

⑤ チェックインが投稿されます。

❶入力する
❷タップする

Memo スポットを検索する

今いる場所がスポットにない場合、＜スポットを検索＞（P.74手順③参照）から探すことも可能です。検索欄をタップして今いる場所を検索し、検出したスポットをタップして確定します。検索を使えば、今いる場所とはまったく異なるスポットを検出し、その場所にチェックインすることも可能です。

第3章 写真や動画を投稿して楽しもう

第3章 ◆ 写真や動画を投稿して楽しもう

Section
29

近くのスポットを
チェックする

Facebookのスポット機能は、「近くにカフェはないかな?」「いちばん近くにあるコンビニに行きたい」というときに便利です。スポットのカテゴリやフィルター機能を使えば、近辺にある行きたい場所が現在営業中か否かも確認できます。

現在地周辺のスポットを見る

① ≡ をタップし、＜イベント＞をタップします。

② Q をタップします。

③ チェックしたいスポットのカテゴリ（ここでは＜カフェ＞）をタップします。

Memo 指定の場所の近くにあるスポット検索も可能

手順②の画面からは、現在地の周辺以外のスポット検索も行うことができます。＜地域を選択＞または＜地域名＞をタップし、表示された地域名から調べたい場所をタップします。

④ 近隣エリアのカフェがリスト表示されます。＜並べ替え＞をタップします。

⑤ スポットの並べ替え項目が表示されるので、並べ替えしたい項目（ここでは＜距離＞）をタップします。

⑥ スポットが並べ替えられて表示されます。気になるスポットをタップします。

⑦ 住所や地図、レビュー、営業時間などが閲覧できます。

Memo スポットのページからチェックインする

手順⑦の画面を上方向にスワイプし、＜詳細＞→ ••• →＜チェックイン＞の順にタップすると、スポットを付けた状態の近況投稿画面が表示されます。

第3章 ◆ 写真や動画を投稿して楽しもう

Section

30

コメントを確認する

Facebookの通知を受信する設定をしておくと、近況に誰かがコメントや「いいね!」を付けてくれたときに、ロック画面や「お知らせ」に通知されます。リアルタイムで確認できると、Facebookはもっと楽しくなります。

ロック画面の通知から投稿へのコメントを見る

① Facebookに誰かがコメントを付けてくれると、iPhoneのロック画面に通知が表示されます。Facebookの通知を左から右へとスワイプします。パスコードを設定している場合は解除します。

② 通知されたコメントが表示されます。

Memo あらかじめ通知を設定する

iPhoneのロック画面で通知を受けるには、「設定」アプリで通知の許可設定をしておく必要があります。「設定」アプリで<通知>→<Facebook>の順にタップし、「通知を許可」の ◯ をタップして ◯ にして、「ロック画面」にチェックを付けます。

78

「お知らせ」から投稿へのコメントを見る

① コメントや「いいね!」が付くと、🔔に数字が表示されます。🔔をタップします。

② 「お知らせ」画面が表示されます。いちばん上のお知らせをタップします。

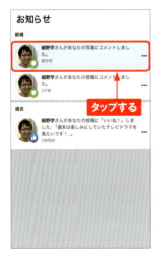

③ 通知されたコメントが表示されます。

Memo 名前の前に@を付けて友達に返信する

投稿に友達が付けてくれたコメントに返信する際、コメント欄で「@」を入力すると、返信先の友達を選択することができます。友達を選択し、コメントを返信すると、友達に通知が届きます。特定の友達を指定して返信したいときに行いましょう。

第3章 写真や動画を投稿して楽しもう

Section 31

Webページを
Facebookに投稿する

iPhoneの「Safari」アプリ（Androidスマホでは「Chrome」アプリなど）で「これはみんなに教えたい!」という情報に出会ったら、WebページをFacebookに投稿しましょう。近況で投稿する方法と、Webページからシェアする方法があります。

URLを付けて投稿する

(1) 「Safari」アプリ（Androidスマホでは「Chrome」アプリなど）で紹介したいページを表示し、URLをロングタッチし、＜コピー＞をタップします。

(2) 「Facebook」アプリを起動し、＜今なにしてる?＞をタップします。

(3) 文章を入力します。入力欄をタップし、＜ペースト＞をタップしてURLを貼り付けます。＜投稿＞をタップします。

(4) Webページを付けた投稿が行われます。

🔗 Safariの共有ボタンから投稿する

① 「Safari」アプリ（Androidスマホでは「Chrome」アプリなど）で紹介したいページを表示して、 🔄 （Chromeでは右上の ︙→＜共有＞）をタップします。

② ＜Facebook＞をタップします。

③ 文章を入力し、＜次へ＞→＜シェア＞の順にタップします。

④ 投稿が行われます。「Facebook」アプリを起動すると、投稿が確認できます。

Memo 公開範囲を変更する

手順③の画面で＜友達＞をタップすると、公開範囲の変更ができます。

Webページのシェアボタンからシェアする

① 「Safari」アプリ(Androidスマホでは「Chrome」アプリなど)で紹介したいページを表示し、WebページにあるFacebookのロゴマークやシェアボタンをタップします。

② 文章を入力し、＜投稿する＞をタップします。

③ 投稿が行われます。「Facebook」アプリを起動すると、投稿が確認できます。

Memo 公開範囲を設定する

手順②の画面で公開範囲を変更する場合は、右下のアイコン(本文では)をタップします。＜公開＞＜友達＞＜次を除く友達＞などから選択することができます。

パソコンでWebページをシェアする

(1) パソコンのWebブラウザでFacebookにシェアしたいWebページを表示して、Facebookのロゴマークやシェアボタンをクリックます。

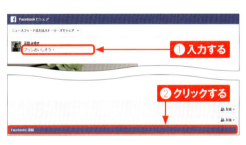

クリックする

(2) ログイン画面が表示される場合は、Facebookに登録したメールアドレスまたは電話番号とパスワードを入力し、<ログイン>をクリックします。文章を入力したら、<Facebookに投稿>をクリックします。

❶入力する

❷クリックする

(3) 投稿が行われます。「Facebook」アプリを起動すると、投稿が確認できます。

Memo 友達やグループのタイムラインに投稿する

パソコンのWebブラウザからシェアを行う場合、友達やグループのタイムラインに投稿（P.50のMemo、Sec.40参照）をすることもできます。手順②の画面で<ニュースフィードまたはストーリーズでシェア>をクリックし、<友達のタイムラインでシェア>または<グループでシェア>をクリックして、「友達の名前」または「グループ名」に名前を入力します。コメントを入力し、<Facebookに投稿>をクリックすると、投稿されます。

第3章 ◆ 写真や動画を投稿して楽しもう

Section 32

いろいろな投稿機能で投稿する

「投稿を作成」画面からはFacebook独自の機能を利用した投稿が作成できます。これらの機能を利用することで、友達と面白い投稿を共有できたり、おすすめの情報をお互いに教え合ったりすることができます。

GIFや動画ウォッチパーティを投稿する

● GIF

数秒で終わる短い動画のような画像（GIF）を投稿する機能です。「投稿を作成」画面でリストから＜GIF＞をタップし、気に入ったGIFをタップすると、投稿にGIFを追加することができます。「アプリでGIFを検索」にキーワードを入力してお気に入りのGIFを探すこともできます。

● おすすめ情報をリクエスト

「投稿を作成」画面でリストから＜おすすめ情報をリクエスト＞をタップし、地域を設定して、投稿の文章で何かおすすめの情報を求める投稿（例えば、「おいしいピザが食べられるお店ありますか？」など）ができる機能です。友達がコメントでおすすめを教えてくれると、表示されているマップに自動で位置を表示します。

● 動画ウォッチパーティ

Facebookの友達と動画を楽しめる機能です。「投稿を作成」画面でリストから＜動画ウォッチパーティ＞をタップし、再生リストに追加したい動画をタップして、＜完了＞をタップします。投稿すると同時に動画の再生がはじまり、友達を招待していっしょに動画を視聴することができます。

第4章

友達ともっとコミュニケーションしよう

Section 33	友達とメッセージをやり取りする
Section 34	Messengerで手軽にコミュニケーションする
Section 35	Messengerで複数の人と同時にチャットをする
Section 36	友達に無料電話をかける
Section 37	友達のイベントに参加する
Section 38	イベントを作成する
Section 39	グループに参加する
Section 40	グループのメンバーと投稿をやり取りする
Section 41	グループを作る
Section 42	グループを活用する

第4章 ◆ 友達ともっとコミュニケーションしよう

Section 33

友達とメッセージをやり取りする

Facebookのメッセージ機能を利用するには、別途「Messenger」アプリのインストールが必要です。メッセージの送受信だけでなく、LINEのようにリアルタイムにチャットや無料電話が楽しめます。

メッセージを送る

① ●をタップします。「Messenger」アプリがインストールされていない場合は、＜Install＞→＜入手＞の順にタップしてインストールします。

② 「Messenger」アプリを初めて利用する場合は、＜○○（自分の名前）としてログイン＞をタップし、「アカウントに電話番号を追加」と「携帯電話の連絡先をMessengerでチェック」は＜後で＞をタップします。

③ 「Messenger」アプリが起動し、チャット画面が表示されます。メッセージを送りたい相手をタップします。初めての相手の場合は、名前の右側に「NEW」と表示されます。

④ メッセージを入力し、➤をタップします。

⑤ メッセージが送信されます。

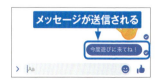

受信メッセージに返信する

① メッセージを受信すると、ロック画面に通知が表示されます。通知を左から右へとスワイプします。

② 「Messenger」アプリが起動し、受信したメッセージが表示されます。メッセージを入力し、▶をタップします。

③ メッセージが送信されます。

Memo 「Facebook」アプリ起動中の受信通知

「Facebook」アプリを起動しているときにメッセージを受信すると、●に数字が表示されます。●をタップすると「Messenger」アプリが起動し、受信メッセージを確認することができます。

Memo ウェーブとは

P.86手順④の画面で、「ウェーブを送信しよう。」と表示される場合があります。「ウェーブ」は、初めてメッセージを送る友達に気づいてもらう意味を込めて送るかんたんな挨拶機能です。

第4章 ◆ 友達ともっとコミュニケーションしよう

Section 34

Messengerで手軽にコミュニケーションする

iPhoneの「メッセージ」アプリと同様、「Messenger」アプリも、同じ相手とのメッセージのやり取りは、常に同一スレッドで行います。メッセージを送るのもかんたんですし、過去のやり取りも手軽に振り返ることができます。

最近やり取りした友達にメッセージを送信する

① ホーム画面で＜Messenger＞アプリをタップします。

② 「Messenger」アプリが起動します。●をタップすると最近やり取りした友達のスレッドが表示されるので、メッセージを送りたい友達をタップします。

③ メッセージを入力して、➤をタップします。

④ メッセージが送信されます。

🗨 新規メッセージを送信する

① ✎をタップします。

② メッセージを送りたい友達の名前を入力、または候補からタップします。

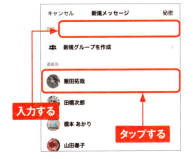

③ 宛先が確定します。＜Aa＞をタップします。

④ メッセージを入力し、➤をタップします。

⑤ メッセージが送信されます。

第4章 友達ともっとコミュニケーションしよう

特定の友達のメッセージ受信をミュート（非通知）にする

① P.88手順②の画面で、メッセージを受信した際に通知をしたくない友達を右から左にスワイプします。

② 🔔をタップします。

③ 通知させない時間を選択してタップします。ここでは、＜15分間＞をタップします。

④ ミュートされます。

Memo ミュートを解除する

ミュートを解除するには、手順①の画面でミュートを解除したい友達を右から左にスワイプし、🔕をタップします。

すべてのメッセージ受信をミュート（非通知）にする

① P.88手順②の画面で、自分のプロフィールアイコンをタップします。

② ＜お知らせとサウンド＞をタップします。

③ ＜通知をミュート＞をタップします。

④ 通知させない時間をタップします。ここでは、＜15分間＞をタップします。

⑤ 指定した時間中すべてのメッセージの受信がミュートされます。

Memo お知らせをオンにする

設定したミュートをもとに戻したい場合は手順③の画面を表示させ、＜通知をミュート＞をタップし、＜ミュートをオフ＞をタップします。ここでは、ミュートする時間の変更もできます。

第4章 ◆ 友達ともっとコミュニケーションしよう

Section 35

Messengerで複数の人と同時にチャットをする

Messengerでは、複数の友達と同時にチャットすることができます。宛先で何人かの友達を指定するだけでかんたんに行えます。頻繁に同じメンバーとチャットするなら、グループを作成しておくとより便利になります。

複数の友達に同じメッセージを送信する

① ✎をタップします。

② チャットしたい友達の名前をタップし、＋をタップして別の友達をタップします。

③ チャットしたい友達すべてを宛先に選んだら、メッセージを入力し、➤をタップします。

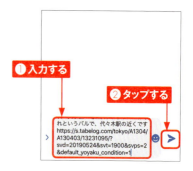

④ メッセージが送信されます。

グループでやり取りする

① ✐ をタップします。

② ＜新規グループを作成＞をタップします。

③ グループに追加したい友達をタップで選択します。グループには自分も含めましょう。＜次へ＞をタップします。

④ ＜グループ（必須）＞をタップし、グループチャットの名前を入力して、＜作成＞をタップします。

⑤ 新しいグループが作成されます。

Memo グループアイコンの画像を設定する

手順⑤の画面でメンバーのアイコンをタップすると、グループの設定画面が表示されます。＜編集＞→＜チャット写真を変更＞の順にタップすると、グループアイコンの画像を設定することができます。

Section 36 友達に無料電話をかける

Facebookの友達同士で相手も「Messenger」アプリを入れていれば、いつでも無料で通話することができます(パケット通信を利用します)。また、あらかじめ「設定」アプリでマイクへのアクセスを許可しておきましょう。

友達へ無料電話をかける

① 「Messenger」アプリを起動し、通話したい友達のスレッドをタップします。

② 📞をタップします。

③ 相手を呼び出します。

④ 相手が応答すると、通話時間が表示されて通話が開始します。📞をタップすると、通話が終了します。

Memo 着信に応答する

iPhoneを利用しているときに友達から着信があった場合は、<応答>をタップすると通話ができるようになります。また、ロック画面で着信に応答する場合は📞を右にスライドします。

友達とビデオ通話をする

① ビデオ通話したい友達のスレッドをタップし、■をタップします。

② 相手を呼び出します。

③ 相手が応答すると、画面に通話相手が表示されてビデオ通話が開始します。■をタップすると、通話が終了します。

Memo グループ通話をする

「Messenger」アプリでは、グループのメンバーと複数人での通話を楽しめます。無料電話の場合は最大50人と通話ができ、無料ビデオ通話の場合は最大6人でお互いの顔を見ながら会話ができます。なお、ビデオ通話をする際は非常に多くのデータ通信が行われるため、データ使用量とデータ通信料に注意しましょう。Wi-Fiが使える場所では、Wi-Fiをオンにして利用することでデータ使用量を節約することができます。

第4章 ◆ 友達ともっとコミュニケーションしよう

Section 37

友達のイベントに参加する

Facebookには、イベントの告知の機能があります。イベントの概要や日時、場所などが明記されていて、参加メンバーも閲覧できます。参加メンバーはイベントのページを確認すれば、必要な情報がわかるしくみになっています。

友達のイベントに参加する

① 友達からイベントの招待が届くと、🔔に数字が表示されます。🔔をタップします。

② 「お知らせ」画面に表示されているイベントへの招待の通知をタップします。

③ 招待されているイベント画面が表示されます。日時、場所、参加者など、イベントの内容と「情報」にあるイベントの概要を確認します。

④ イベントの内容を理解したら、＜参加予定＞をタップします。

⑤ イベントへの参加申請が完了します。

⑥ <その他>をタップするとカレンダーアプリにイベントを登録したり、イベントのお知らせを受け取る頻度を設定したりできます。

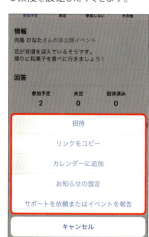

イベントの参加予定を変更する

① 手順⑤の画面で、<参加予定>をタップします。

② <未定>または<参加しない>をタップします。

第 4 章 ◆ 友達ともっとコミュニケーションしよう

Section
38

イベントを作成する

Facebookのイベントは、身近な集まりのコーディネートに非常に役立ちます。同窓会や友達の誕生会、打ち上げ、結婚式の二次会などを開催する際に便利な機能です。

イベントを作成する

① 三をタップして、<イベント>をタップします。

② <作成>をタップします。

③ イベントの公開範囲を設定します。ここでは、<非公開イベントを作成>をタップします。

④ イベント名と日時、場所、詳細など入力できるところは入力して、<作成>をタップします。

⑤ イベントが作成されます。

Memo Androidスマホでイベントを作成する

Androidスマホでイベントを作成する場合は、手順①で<イベント>をタップしたあと◎をタップします。画面上部でイベントの公開範囲を設定し、内容を入力したら、画面下部の<作成する>をタップします。

作成したイベントに友達を招待する

① P.98手順⑤の画面で、<招待>をタップします。

② イベントに招待する友達をタップして、<招待を送信>をタップします。

③ 友達にイベントの招待が送信されます。

Memo 友達が参加予定をした通知

招待状を送った友達が参加予定を選択すると、🔔に数字が表示され、通知が表示されます。

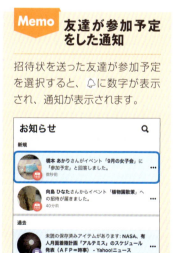

作成したイベントを編集する

① P.98手順⑤の画面で、<編集>をタップします。

③ イベントの内容が変更されます。

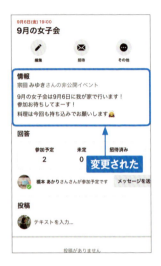

② イベント名、日時、場所、詳細など変更になった項目を入力し、<完了>をタップします。

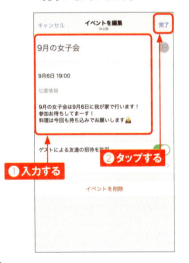

Memo 共同主催者がイベントを編集した場合

手順②の画面で共同主催者にほかのイベント参加者を指定すると、その人もイベントを編集することができます。共同主催者がイベントの名前や日時を編集した場合、「お知らせ」画面に通知が届きます。

作成したイベントを削除する

① P.98手順⑤の画面で、<編集>をタップします。

② <イベントを削除>をタップします。

③ <OK>をタップします。

Memo 削除すると参加予定者はどうなる?

イベントをキャンセルすると参加予定者がいる場合もイベントはキャンセルされ、参加予定者や招待を送った人へはキャンセルされた旨が「お知らせ」画面に通知されます。

第4章 ◆ 友達ともっとコミュニケーションしよう

Section **39**

グループに参加する

Facebookでは「グループ」と呼ばれるコミュニティに参加することができます。同じ趣味や同好の士が集まるさまざまな「グループ」が公開されていますので、ぜひ興味のあるグループに参加してみましょう。Facebookの楽しみ方がより広がるでしょう。

興味のある分野のグループに参加する

① 👥→ 🔍 の順にタップします。

② <グループを検索>をタップし、興味のある事柄のワード(ここでは「ミステリ」)を入力して、キーボードの<検索>をタップします。

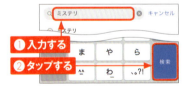

③ 入力したワードに関するグループとグループ投稿が表示されます。「グループ」の<すべて見る>をタップします。

④ 興味のあるグループをタップします。

Memo グループの種類

グループには、「公開」「非公開」「秘密」の3種類があります。公開は管理者の承認があれば誰でも参加ができ、投稿は誰でも見ることができます。非公開は、検索でグループを検索することはできますが、投稿はメンバー以外は見ることができません。非公開のグループも管理者の承認を得られれば参加できます。秘密は検索で表示されず、投稿もメンバー以外は見られない完全なクローズドのグループです。

⑤ グループ名の右側の >をタップします。

⑥ グループの情報や参加メンバーなどが確認できます。< をタップします。

⑦ グループに参加する場合は、<グループに参加>をタップします。

⑧ 参加リクエストが送信されます。<参加リクエストをキャンセル>をタップすると、参加リクエストをキャンセルできます。

Memo 参加リクエストが承認されたら

グループへの参加リクエストが承認されると、ロック画面に通知されます。スワイプすると、グループページが表示されます。また「お知らせ」画面で通知の確認ができます。

第4章 ◆ 友達ともっとコミュニケーションしよう

Section 40 グループのメンバーと投稿をやり取りする

グループに投稿するにはグループのホーム画面にある「投稿する」からテキストや写真、動画などを投稿します。グループのメンバーの投稿にコメントを付けたり、「いいね!」を付けたりなど、通常のFacebookと同じコミュニケーションが行えます。

グループに投稿する

① 👥 をタップし、「参加しているグループ」の<すべて見る>をタップします。

② 投稿したいグループをタップします。

③ グループのホーム画面が表示されます。<何か書く>をタップします。

④ グループのメンバーに知らせたい情報やニュースなど、グループのテーマに合った文章を入力して、<投稿>をタップします。

Memo グループメンバーとメッセージのやり取りをする

グループのメンバーに直接メッセージを送りたいときは、グループのホーム画面でメンバーのアイコンをタップし、<メッセージ>をタップすると「Messenger」アプリが起動します。メッセージを入力し、グループメンバーにメッセージを送りましょう。

👥 グループの投稿にコメントする

① グループのコメントしたい投稿の<コメントする>をタップします。

② コメントを入力し、▶をタップします。

③ コメントが投稿されます。

Memo 参加しているグループから退会したい

参加グループから抜けたい場合は、手順①の画面で右上の…→<グループを退会>の順にタップします。

Section 41

グループを作る

自分でもグループを作ってみましょう。グループは広く公開することも、仲間だけでクローズドな状態でも利用できます。仲間と集まるコミュニティ、趣味の人と語り合う拠点、ちょっとしたイベントのための連絡場所など、さまざまな使い方ができます。

趣味のグループを作る

① 👥をタップし、<作成>をタップします。

② <グループの名前を入力>をタップしてグループ名を入力し、グループの種類（P.102Memo参照）を設定します（あとから変更することもできます）。ここでは、<非公開>をタップします。

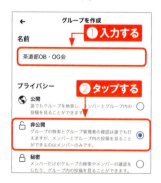

③ <グループを作成>をタップします。

④ <友達を選択>をタップし、メンバーに招待したい友達の<招待する>をタップして、<完了>をタップします。

⑤ 任意のカバー写真をタップし（<写真をアップロード>をタップすると、好きな画像をカバー写真に設定できます）、<保存>をタップします。

⑥ <○○（グループ名）の内容は>をタップし、グループの説明を入力して、<保存>をタップします。

⑦ <メンバーへのあいさつや、自己紹介をしよう>をタップし、ウェルカム投稿を入力して、<投稿>をタップします。

Memo 参加リクエストを承認する

グループへの参加を希望するユーザーから参加リクエストの申請がきたら、ロック画面や「お知らせ」画面に通知がきます。「お知らせ」画面の通知をタップすると、「メンバーリクエスト」画面が表示されるので、<承認する>または<承認しない>をタップしましょう。また、<フィルター>をタップすると、性別や地域などで参加リクエストを申請したユーザーを絞り込むことができます。

第4章 友達ともっとコミュニケーションしよう

Section 42 グループを活用する

グループを作ったら、設定をカスタマイズしてみましょう。グループ内のルールや、これから参加を希望する人への質問をあらかじめ設定することができます。また、管理者は投稿を予約して自動でグループに投稿することができます。

グループのルールを作る

① ●をタップし、「管理者ツール」から＜ルール＞をタップします。

② ＜開始する＞をタップすると、オリジナルのルールを作成することができます。ここでは、「ルールの例」から＜親切かつ丁寧に振る舞う＞をタップします。

③ ＜次へ＞→＜確認＞の順にタップします（＜別のルールを作成＞をタップすると、ルールを増やすことができます）。

④ ＜公開＞をタップすると、ルールがグループに設定されます。

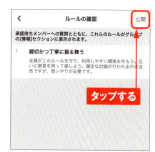

参加希望者への質問を設定する

① P.108手順①の画面で＜参加希望者への質問＞をタップします。

② ＜質問を追加＞をタップします。

③ 質問内容と回答の選択肢を入力します。なお、回答方法は∨をタップし、＜多肢選択式＞＜チェックボックス＞＜自由回答＞の3種類から選べます。＜保存＞をタップします。

④ 参加者への質問が設定されます。設定した質問は、ユーザーがグループへの参加をリクエストすると、表示されます。

第4章 友達ともっとコミュニケーションしよう

109

投稿予約をする

① P.104を参考に、自分が管理者になっているグループの投稿を作成し、＜投稿日時を指定＞をタップして投稿したい日時を選択します。

② ＜保存＞をタップして日時を決定し、＜投稿＞をタップします。日時指定の投稿は管理者ツールから確認することができます。

投稿をトップに固定する

① 自分が管理者になっているグループでトップに固定しておきたい投稿の…をタップし、＜アナウンスにする＞をタップします。

② アナウンスになった投稿の…をタップし、＜トップに固定＞をタップします。

第 **5** 章

Facebookをもっと
使いやすくしよう

Section 43	カバー写真を登録する
Section 44	ニュースフィードの投稿やコンテンツを保存する
Section 45	親しい友達の投稿をまとめてみる
Section 46	友達をリストに分けて整理する
Section 47	友達とのやり取りを表示する
Section 48	ストーリーズを投稿する
Section 49	Facebookページで最新情報を入手する
Section 50	Facebookページの一覧を表示する
Section 51	お知らせを変更する
Section 52	通知を設定する
Section 53	投稿を非表示にする
Section 54	ユーザーをブロックする
Section 55	Webブラウザからモバイル用Facebookを利用する
Section 56	パソコンからFacebookを利用する
Section 57	プライバシーセンターからより詳細な設定を行う

第5章 ◆ Facebookをもっと使いやすくしよう

Section **43**

カバー写真を登録する

カバー写真とは、Facebookのプロフィール画面（タイムライン）上部に表示される大きな写真のことです。プロフィール画面を見た人が、ひと目で自分を知ることができるよう、好きなモノや近々のイベントなどの写真で彩りましょう。

カバー写真をアップロードする

① をタップします。

② 自分のプロフィール画面が表示されます。＜カバー写真＞をタップします。

③ ＜写真をアップロード＞をタップします。

Memo カバー写真の種類

手順③の画面でここでは＜写真をアップロード＞を選択しましたが、「Facebookの写真を選択」では、端末に保存されている画像のほかに、これまでFacebookにアップロードした写真やアルバムに登録した写真を選択できます。なお、「コラージュを作成」では、写真を組み合わせたカバー写真が登録でき、「アートワークを作成」では、Facebookが提供する画像をカバー写真に登録できます。

④ 端末に保存されている画像が表示されるので、カバー写真にしたい写真をタップします。

⑤ 「プレビュー」画面が表示されます。サイズの大きい写真の場合は、ドラッグして配置を調整し、<保存>をタップします。

⑥ カバー写真が登録されます。

Memo カバー写真を変更する

カバー写真を変更したい場合は手順⑥の画面でカバー写真のをタップし、P.112手順③以降やP.112のMemoを参考にして写真を設定しましょう。

第5章 ◆ Facebookをもっと使いやすくしよう

Section
44

ニュースフィードの投稿やコンテンツを保存する

Webページのリンクや動画、ショップやレストランの地図など、投稿内のコンテンツを保存する機能が、Facebookには備わっています。保存機能を使えば、ニュースフィードを流し読みして、役に立つ情報はあとでじっくり読むことができます。

気になる投稿を保存する

① 保存したい投稿の…をタップします。

③ 投稿が保存されます。コレクションに追加しておくと、保存したコンテンツを整理することができます。

② <投稿を保存>をタップします。

Memo コンテンツのみを保存する

Facebookの保存機能は、投稿を「ブックマーク」する感覚で保存できます。ここでは投稿を保存しましたが、投稿に掲載された場所やリンク、音楽、本、映画、テレビ番組、イベントなどのコンテンツを保存することもできます。Webページの場合、手順②の画面で<リンクを保存>をタップするか、表示がない場合は、Webページをタップし、… → 🔖 の順にタップします。

保存した投稿やコンテンツを見る

① ≡をタップします。

② <保存済み>をタップします。

③ 保存した投稿やコンテンツが一覧表示されています。見たいものをタップします。

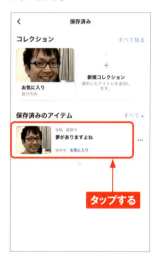

④ 保存した投稿が表示されます。<をタップすると手順③の画面に戻ります。

第5章 ◆ Facebookをもっと使いやすくしよう

Section
45 親しい友達の投稿を まとめてみる

ニュースフィードには、友達のすべての投稿が表示されているわけではありません。そこで、投稿を見逃したくない親しい友達は「親しい友達」リストに登録しましょう。すべての投稿が通知され、投稿をまとめて見ることができます。

「親しい友達」リストに追加する

① 👥をタップし、＜すべての友達＞をタップします。

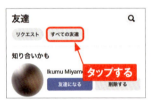

② 「親しい友達」リストに追加したい友達をタップします。

③ 👤をタップします。

④ ＜友達＞をタップし、＜友達リストを編集＞をタップします。

⑤ ＜親しい友達＞をタップし、＜完了＞をタップします（何も表示されない場合は、先にP.118を参考に友達をリストに追加します）。

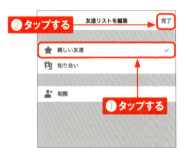

「親しい友達」リストを見る

① 「Safari」アプリ（Androidスマホでは「Chrome」アプリなど）でモバイル用Facebookにログインします（Sec.55参照）。

② ■をタップし、＜親しい友達＞をタップします。表示されていない場合は、＜すべての友達を表示＞をタップして表示させます。

③ 「親しい友達」リストに登録した友達の投稿が確認できます。

Memo 「親しい友達」リストの友達からの更新通知

「親しい友達」リストに友達を登録すると、その友達が投稿するたびに更新通知が「お知らせ」に届くようになります。更新を頻繁にする友達を「親しい友達」リストに登録すると、年中更新通知が届くことになってしまいます。

Section 46

友達をリストに分けて整理する

Facebookには、登録にもとづいて出身校や勤務している会社、住んでいる地域などのリストが用意されています。これらは標準で自動的に作成、割り振りされますが、パソコン用Facebookから手動でリストの作成や割り振りが行えます。

友達をリストに追加する

1. 「Safari」アプリ（Androidスマホでは「Chrome」アプリなど）でパソコン用Facebookにログインします（Sec.56参照）。＜もっと見る＞をタップします。

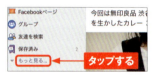

2. ＜友達一覧＞をタップします。

3. 友達を追加したいリスト（ここでは「知り合い」）をタップします。

4. ＜このリストに友達を追加＞をタップします。

5. 友達の名前を入力し、候補をタップすると、リストに友達が追加されます。

リストごとにニュースフィードを見る

① P.118手順③の画面で、ニュースフィードを見たいリスト（ここでは「本好き仲間」）をタップします。

② リストに登録している友達の投稿が表示されます。

Memo カスタムリストを作成する

手順①の画面で＜リストを作成＞をタップし、リスト名を入力します。登録したい友達を入力し、表示されたアカウントをタップします。＜作成＞をタップします。

Memo リストの分類

友達リストは大きく分けて初期状態で用意されているリスト、スマートリスト、カスタムリストの3種類に分類できます。初期状態で用意されているリストは「親しい友達」（Sec.45参照）「知り合い」「制限」（Sec.60参照）の3つで、「親しい友達」に友達を登録すると、ニュースフィードに頻繁に表示されるようになり、逆に「知り合い」に登録した友達の投稿は表示されにくくなります。スマートリストは、プロフィールに登録した情報に基づいて自動的に作成／割り振りされるリストです。手動で友達を追加することもできます。カスタムリストは、ユーザーがオリジナルで作成するリストのことです。

第5章 ◆ Facebookをもっと使いやすくしよう

Section
47 友達とのやり取りを表示する

Facebookには特定の友達とのやり取りを、まとめて見る機能があります。共通の友達やいつから友達になったか、友達どうしでお互いのタイムラインに投稿したやり取りなどをまとめて確認することができます。

友達との履歴を見る

①　♣をタップします。

② ＜すべての友達＞をタップします。

③ 履歴を見たい友達をタップします。

Memo 友達とのやり取りに表示されるもの

友達とのやり取りの履歴のページには、投稿へのコメントやタグ付けした写真などのほかに共通の友達の情報や、いつから友達になったか、プロフィールの共通点なども表示されます。

④ …をタップします。

⑤ ＜友達とのやり取りを表示＞をタップします。

⑥ あなたと指定した友達のやり取りの履歴のページが表示されます。上方向にスワイプします。

⑦ これまでのタイムラインでのやり取りがすべて表示され、確認することができます。

第5章 Facebookをもっと使いやすくしよう

121

第5章 ◆ Facebookをもっと使いやすくしよう

Section 48

ストーリーズを投稿する

ストーリーズは、Facebookの投稿方法のひとつで、写真や動画の投稿ができます。公開期間が24時間に限定されているので期間を過ぎたストーリーズはニュースフィード画面から削除されてしまいますが、気軽に投稿でき、ライブ感覚で友達と共有できます。

ストーリーズに追加する

① ニュースフィード画面で＜ストーリーズ＞をタップします。

② ＜ストーリーズに追加＞をタップします。

③ ストーリーズに投稿する内容を選択します。ここでは＜カメラ＞をタップします。

④ 被写体にカメラを向け、●をタップします。

⑤ 必要であれば写真を編集し、＜ストーリーズでシェア＞→＜OK＞の順にタップします。

⑥ 「ストーリーズ」が投稿されます。

ストーリーズを見る

① ニュースフィード画面で閲覧したい友達のストーリーズをタップします。

② タップした友達のストーリーズが再生されます。画面の右側をタップします。

③ 次の画像が表示されます。画面の左側をタップすると前の画像に戻ります。画面を左方向にスワイプします。

④ 次の友達のストーリーズが再生されます。

Memo ストーリーズとは

ストーリーズに投稿すると、24時間後に投稿内容が自動的に非公開になります。24時間以内に投稿したストーリーズはニュースフィード画面から見ることができますが、自分を含め、友達やフォロー中のFacebookページが24時間以内にストーリーズの投稿をしていない場合は、P.122手順①のように表示されます。なお、ここでは写真をストーリーズに投稿しましたが、動画やライブ動画、文章の投稿などもできます。また、24時間経過した投稿は、投稿した本人であれば、プロフィール画面の…→＜ストーリーズアーカイブ＞で見ることができます。ストーリーズへの投稿を24時間以上表示させておきたい場合は、自分のストーリーズを表示し、画面右下の＜ハイライト＞をタップして、ストーリーズハイライトに登録することで、プロフィール画面に表示させておくことができます。

Section 49

Facebookページで最新情報を入手する

Facebookページとは、企業、メーカーやブランド、アーティストなどの芸能人や著名人などが、情報発信やユーザーやファンとの交流を目的に運営しているページのことです。Facebookページから最新情報を入手できるよう設定しましょう。

Facebookページに「いいね!」を付ける

① 🔍 をタップします。

② 興味のあるキーワードを入力し、キーボードの<検索>をタップします。

❶入力する
❷タップする

③ <ページ>をタップします。

Memo Facebookページとは

Facebookページは、企業やアーティストが情報発信や交流を目的に運営しているFacebook内のページのことをいいます。Facebookページにアクセスして投稿を閲覧するだけということもできますが、ページに「いいね!」を付けることで、投稿を自分のニュースフィードに表示させることができます。ページ名に✓が付いているページはFacebookに認証されている公式ページです。

④ 興味のあるFacebookページのアイコンか名前をタップします。

⑤ Facebookページが表示されます。スクロールすると、過去の投稿などを見ることができます。＜いいね!＞をタップします。

⑥ 「「いいね!」済み」と表示されます。

⑦ ニュースフィードに、「いいね!」を付けたFacebookページの投稿が表示されるようになります。

Memo Facebookページをフォローする

Facebookページをフォローすることでも Facebookページの投稿をニュースフィードに表示させることができます。FacebookページのフォローはSec.14を参考にしてください。なお、Facebookページによっては手順⑤の画面で…→＜フォローする＞の順にタップする場合もあります。

第5章 ◆ Facebookをもっと使いやすくしよう

Section

50 Facebookページの一覧を表示する

「いいね!」を付けたFacebookページは、プロフィール画面の「基本データ」で確認することができます。一覧にあるFacebookページのアイコンをタップすれば、それぞれの内容を閲覧できます。

「いいね!」を付けたFacebookページを確認する

① ⓐをタップします。

② <基本データを見る>をタップします。

③ 下から上へスワイプします。

④ 「いいね!」の項目があり、これまでに「いいね!」を付けたFacebookページのアイコンが表示されます。<すべて表示>をタップします。

⑤ ＜すべての「いいね!」＞をタップします。

⑥ 「いいね!」を付けたFacebookページがすべて表示されます。アイコン写真をタップします。

⑦ 「いいね!」を付けたFacebookページが表示されます。

Memo 「いいね!」画面に表示されるもの

「いいね!」を付けたFacebookページのカテゴリが映画、テレビ番組、アーティストなどの場合、手順⑤の「いいね!」画面からカテゴリごとにFacebookページの一覧を確認することができます。

第5章 Facebookをもっと使いやすくしよう

127

第5章 ◆ Facebookをもっと使いやすくしよう

Section
51
お知らせを変更する

「お知らせ」には、さまざまな通知が届きます。どんなときにお知らせが届くのか、「お知らせの設定」で確認してみましょう。「お知らせの設定」では不要なお知らせを停止することもできます。

受け取るお知らせを変更する

① ≡をタップし、＜設定とプライバシー＞→＜設定＞の順にタップします。

② ＜お知らせの設定＞をタップします。

③ 「受け取るお知らせの種類」から、お知らせが不要なものを選択します。ここでは、＜知り合いかも＞をタップします。

④ 初期状態ではお知らせが許可されています。知り合いかもれない人を紹介するお知らせがいらないなら、●をタップします。

⑤ ＜OK＞をタップします。

⑥ 変更が保存されます。

🖼 グループのお知らせを変更する

① P.128手順③の画面を表示し、<グループ>をタップします。

② グループのお知らせはグループごとに設定が可能です。設定したいグループをタップします。

③ 「アプリ内通知」、「プッシュ通知」、「メンバーリクエストのお知らせ」の設定ができます（Memo参照）。

Memo グループのお知らせ設定について

手順③の「アプリ内通知」は4つから設定を選択することができます。「すべての投稿」は投稿があるごとにお知らせが表示され、「ハイライト」は人気の投稿と友達が投稿を行うとお知らせが表示されます。「友達の投稿」は友達が投稿したときのみにお知らせが表示され、「オフ」はお知らせ通知が停止されます。また、「プッシュ通知」では、iPhoneのプッシュ通知の設定ができ、「ハイライト」か「オフ」のどちらかから選択可能です。

第5章 ◆ Facebookをもっと使いやすくしよう

Section
52

通知を設定する

Facebookの「お知らせ」は、iPhoneの通知機能を利用してロック画面やバナーにも着信します。頻繁に通知が表示されて不便を感じているなら、必要な「お知らせ」だけ表示されるようiPhoneの通知を設定しましょう。

iPhoneに着信するFacebook通知を設定する

1 ≡をタップし、＜設定とプライバシー＞→＜設定＞の順にタップします。

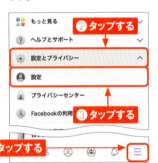

2 ＜お知らせの設定＞をタップします。

3 上方向にスワイプします。

Memo 必要のない通知は外す

ほかのアプリを使っているときやiPhoneをロックしているときでも、Facebookからの「お知らせ」がiPhoneに通知されます。「お知らせ」は、投稿やコメント、メッセージ、友達リクエスト、投稿に自分がタグ付けされたときなど、広範囲に渡ります。Facebookにたくさんの友達を登録していれば、始終、通知に「お知らせ」が着信することになります。不要と判断した通知は外しましょう。外したことで不便と感じた場合は、再度設定を変更できます。

④ 「お知らせの受け取り方法」から、<プッシュ>をタップします。

⑤ プッシュ通知の項目がリスト表示されます。プッシュ通知をオフにしたい項目（ここでは「リマインダー」）の●をタップします。

⑥ 「リマインダー」のプッシュ通知がオフになります。プッシュ通知の際に音声やバイブレートを鳴らしたくない場合は「音声／バイブレート」の●をタップします。

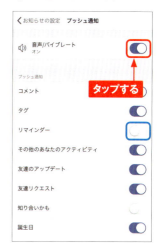

⑦ プッシュ通知の際の音声とバイブレートがオフになります。

第 5 章 ◆ Facebookをもっと使いやすくしよう

Section

53

投稿を非表示にする

見たくない投稿は個別に非表示にすることができます。非表示にすることでニュースフィードの表示の優先順位が下がり、似たような投稿は上位に表示されにくくなります。また、特定のユーザーからの投稿を30日間非表示にすることもできます。

特定の投稿を非表示にする

① 非表示にしたい投稿を表示し、右上の…をタップします。

② ＜投稿を非表示＞をタップします。

③ 「投稿が非表示になりました」と表示され、投稿がニュースフィードに表示されなくなります。

Memo 非表示にした投稿をニュースフィードに再表示させるには

投稿を非表示にした直後であれば、手順③の画面で＜元に戻す＞をタップして再表示させることが可能です。それ以外のときは友達のタイムラインから投稿を確認することができます。

特定の友達の投稿を30日間非表示にする

① しばらくの間非表示にしたい友達からの投稿を表示し、右上の…をタップします。

② ＜○○さんのフォローを30日間休止＞をタップします。

③ 「○○さんのフォローを一時休止しました」と表示され、指定した投稿先からの投稿は30日間ニュースフィードに表示されなくなります。

Memo フォローの一時休止を解除する

友達の投稿を表示に戻したい場合は手順③の画面で＜元に戻す＞をタップするか、P.130手順②の画面から＜ニュースフィードの設定＞→＜フォローの一時休止の設定を管理＞の順にタップして、＜フォローの一時休止を終了＞をタップすると、投稿がニュースフィードに表示されます。

第5章 ◆ Facebookをもっと使いやすくしよう

Section 54

ユーザーをブロックする

Facebookはたくさんの人が参加しているサービスがゆえ、いわれのない攻撃を受けたり、身の覚えのない中傷的なコメントを投稿され、迷惑を被るような事態に巻き込まれるかもしれません。そんなときは我慢せずに相手をブロックしてしまいましょう。

プロフィール画面からブロックする

① 「友達」画面や検索などからブロックしたい相手のプロフィール画面を表示します。■をタップします。

② <ブロックする>をタップします。

③ 「○○さんをブロックしますか?」と表示されます。<ブロックする>をタップします。

Memo よく考えてからブロックしよう

特定のユーザーをブロックすると、完全にあなたのFacebookから相手が遮断され、あなたと友達になることや、あなたのタイムラインの閲覧、メッセージの送信、タグ付け、イベントやグループへの招待などができなくなります。ブロックしたという情報は相手に通知はされませんが、友達でつながっている場合、ブロックすると友達からも削除されるので知られる可能性があります。いきなり連絡が取れなくなる状態になるわけですから、影響力は絶大です。ブロックしても、解除することは可能ですが、安易に行わず、本当にブロックすべきかどうか考えてから実行しましょう。

アカウント設定からブロックする

(1) P.130手順②の画面を表示し、<ブロック>をタップします。

(2) <ブロックリストに追加>をタップします。

(3) ブロックしたいユーザーの名前を入力し、<ブロックする>をタップします。

(4) <ブロックする>をタップします。

(5) ユーザーがブロックされます。

Memo ブロックを解除する

ブロックを解除する方法は、Sec.68で解説しています。

第 5 章 ◆ Facebookをもっと使いやすくしよう

Section
55
Webブラウザからモバイル用Facebookを利用する

iPhoneのSafariやAndroidスマホのChromeといったWebブラウザ経由でもFacebookが利用できます。モバイル用Facebookやパソコン用Facebookはアプリでは対応していない設定などを行うときに便利です。

SafariでモバイルFacebookにアクセスする

① iPhoneのホーム画面からSafariアプリをタップします。

② 検索フィールドをタップします。

③ 「https://m.facebook.com」と入力し、キーボードの<開く>または<Go>をタップします。

④ Facebookのログインページが表示されます。登録したメールアドレスまたは電話番号とパスワードを入力して、<ログイン>をタップします。

⑤ Facebookのニュースフィードが表示されます。「今なにしてる?」など、Facebookアプリとほとんど同じ配置で、同じように使えます。

パソコン用Facebookと同じ画面を見る

(1) P.136手順⑤の画面で検索フィールドをタップします。

(2) 「https://www.facebook.com」と入力し、キーボードの<開く>または<Go>をタップします。

(3) 🗒（iOS13では AA ）→<デスクトップ用サイトを表示>の順にタップします。

(4) パソコン用Facebookと同じ画面が表示されます。このままだと小さくて見づらいので、ピンチアウト／ピンチインで拡大／縮小します。

第5章 ◆ Facebookをもっと使いやすくしよう

Section
56 パソコンから Facebookを利用する

Facebookアプリでも、Facebookの機能を全般的に使うことができます。しかし、パソコン用Facebookやモバイル用Facebook（Sec.55参照）からしかできない詳細な設定や便利な機能もあります。ここでは、そうした設定を紹介します。

パソコンでFacebookを利用する

(1) パソコンでMicrosoft EdgeなどのWebブラウザを起動し、アドレスバーに「https://www.facebook.com/」を入力するとパソコン用Facebookのログインページが表示されるので、登録したメールアドレスまたは電話番号とパスワードを入力し、＜ログイン＞をクリックします。

❶入力する
❷クリックする

(2) パソコン用Facebookの「ニュースフィード」画面が表示されます。

タイムラインをグリッドビューで見る

① P.138の手順②の画面で自分の名前をクリックします。

② ＜タイムライン＞をクリックし、＜グリッドビュー＞をクリックします。

③ タイムラインがグリッドビューで表示されます。投稿が月ごとに表示され、左側のメニューで投稿を絞り込むことができます。

投稿を過去の日付に変更する

1. P.138手順②の画面で＜自分の名前＞をクリックします。

2. プロフィール画面が表示されます。下にスクロールします。

3. 過去の日付に変更したい投稿の…をクリックし、＜日付を変更＞をクリックします。

④ 過去の日付を設定し、＜保存＞をクリックします。

⑤ ＜OK＞をクリックします。

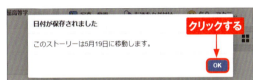

⑥ 投稿が設定した日付に変更されます。投稿を過去の日付に変更すると、近況に🕐が表示されます。カーソルを合わせると実際の投稿日の確認ができます。

Memo 投稿予約はできない

Facebookでは、自分が管理者になっているグループの投稿とFacebookページの投稿以外で実際の日時と異なる日時での近況の投稿は、過去の日付のみが可能です。自分が管理者になっているグループへの投稿予約についてはP.110を参照してください。

Section 57 プライバシーセンターからより詳細な設定を行う

Sec.09ではFacebookの基本的なプライバシー設定を紹介しました。ここでは、プライバシーセンターの設定項目やインターネットの検索エンジンにプロフィールを表示させない方法など、より詳細なプライバシー設定を紹介します。

プライバシーセンターの設定項目を確認する

プライバシーセンターは、投稿の公開範囲などのプライバシー設定やアカウントのセキュリティ設定、広告表示設定などを管理できるメニュー画面です。それぞれの設定／管理は画面を数回タップするだけで完了します。まずは、それぞれの設定項目について紹介します。

●プライバシー設定

投稿やプロフィールに含まれる情報を、どの範囲の人にまで閲覧可能にするかなどの設定が行えます。インターネットの検索エンジンにプロフィールを表示させないよう設定することもできます（P.146参照）。

●アカウントのセキュリティ

自分のアカウントのセキュリティを管理できます。なお、パスワードとメールアドレスの変更についてはSec.70を、二段階認証の設定についてはSec.72を参照してください。

●広告表示設定

ニュースフィードに広告が表示されるしくみの説明や、自分に配信される広告の管理ができます。自分が「いいね！」を付けた広告を友達が見たときに名前が表示されないように設定する方法はP.148を参照してください。

●あなたのFacebook情報

自分がFacebookで行ったすべての行動をはじめとする個人データにアクセスしたり、ダウンロードしたりできます。また、＜アカウントと情報を削除＞をタップしてアカウントの削除が行えます。アカウントの削除について詳細は、Sec.78を参照してください。

●安全に利用するために

Facebookを安全・安心して利用するために、Facebookが行っていることが紹介されています。

●利用規約とポリシー

ユーザーがFacebookを利用するにあたっての決まりごとや、Facebookを通して収集したデータの利用方針などを見ることができます。

過去の投稿の公開範囲をすべて友達に一括変更する

(1) P.28を参考にプライバシーセンターを表示し、<その他のプライバシー設定>をタップします。

(2) <過去の投稿のプライバシー設定>をタップします。

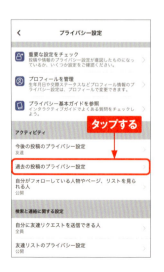

(3) <過去の投稿を制限>をタップします。

(4) <過去の投稿を制限>をタップします。これで過去の投稿の公開範囲はすべて「友達」に変更されます。

Memo 個別に公開範囲の変更はできる

過去の投稿すべての公開範囲を友達に変更したあとでもとに戻したいという場合は、Sec.21を参考にして、個別に変更を行いましょう。

自分に友達リクエストを送信できる人の範囲を設定する

① P.144手順②の画面で<自分に友達リクエストを送信できる人>をタップします。

② <全員>、または<友達の友達>をタップします。ここでは<友達の友達>をタップします。

③ 手順①の画面が表示され、「友達の友達」に設定されていることが確認できます。

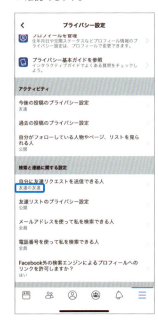

Memo 友達リクエストの公開範囲について

<自分に友達リクエストを送信できる人>を「全員」に設定しておくと、ときどき「この人、誰だろう」という人から友達リクエストが届くことがあります。リクエストは断りにくいものです。まったく知らない人で、あなたがFacebookで友達としてつながりたくないなら、リクエストを承認するべきではありませんが、知り合いや仕事関係の人があなたのFacebookを探してリクエストした可能性もあります。しかし、「全員」に設定しておくと懐かしい人と再会できる可能性もありますので、デメリットばかりではありません。とくにFacebookで趣味の友達を増やそうというときは、「全員」にしておかなければ、新たな仲間を作ることはできないでしょう。Facebookでは仲のよい友達とこじんまり交流したい、交流の範囲を広げる目的ではない、という場合であれば、友達リクエストの公開範囲は「友達の友達」までにとどめておくのがよいでしょう。

検索エンジンからのプロフィールへのリンクをオフにする

(1) P.144手順②の画面で＜Facebook外の検索エンジンによるプロフィールへのリンクを許可しますか?＞をタップします。

(2) ◯をタップします。

(3) ＜オフにする＞をタップします。

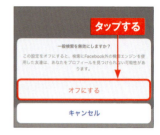

(4) 手順①の画面でオフになったことが確認できます。

Memo すぐには非表示にならない

外部検索エンジンからプロフィールへのリンクをしない設定を行っても、すぐに反映されるわけではありません。設定を行った数日後に反映されるようです。なお、Facebookで名前を検索した人はプロフィールを見つけることができます。

プロフィール情報をもとにした広告を表示しないようにする

(1) P.28を参考にプライバシーセンターを表示し、＜広告設定を確認＞をタップします。

(2) ＜基本データ＞をタップします。

(3) 広告に反映されたくないプロフィール情報（ここでは「交際ステータス」）の ●をタップします。

(4) 交際ステータスをもとにした広告が表示されないようになります。

Facebook広告で名前を非表示にする

① P.28を参考にプライバシーセンターを表示し、＜広告設定の確認＞をタップします。

② ＜ソーシャルアクションを反映した広告＞をタップします。

③ ＜非公開＞をタップします。

④ 「非公開」に設定されます。

第**6**章

こんなときどうする?

Section 58	プロフィール写真を目立たせたい
Section 59	「いいね!」を付けたページを隠したい
Section 60	特定の友達に投稿を非表示にしたい
Section 61	特定の友達のみに見えるよう投稿したい
Section 62	友達のつながりを解除したい
Section 63	学校の卒業や結婚式の日を投稿したい
Section 64	名前を変更したい
Section 65	旧姓を表示したい
Section 66	趣味や好きなことを登録したい
Section 67	友達を非公開にしたい
Section 68	間違えて友達をブロックしてしまった
Section 69	タイムラインとタグ付けを設定したい
Section 70	パスワードやメールアドレスを変更したい
Section 71	パスワードを忘れてしまった
Section 72	二段階認証でセキュリティを強化したい
Section 73	二段階認証後にほかのブラウザから利用したい
Section 74	機種変更したらどうなるの?
Section 75	アプリをアップデートしたい
Section 76	間違って複数のアカウントを作ってしまった
Section 77	追悼アカウントの設定をしたい
Section 78	Facebookのアカウントを停止したい

第6章 ◆ こんなときどうする?

Section
58 プロフィール写真を目立たせたい

実名登録が基本のFacebookでは、プロフィール写真を自分の顔写真にすることで友達に見つけてもらいやすくすることができます。写真にフレームを追加したり、プロフィール写真を動画にすることでプロフィール写真を目立たせましょう。

プロフィール動画を設定する

① をタップし、プロフィール写真の をタップします。

② <プロフィール写真または動画を選択>をタップします。

③ 「カメラロール」の<その他>をタップします。

④ プロフィール動画にしたい動画をタップし、<完了>をタップします。

⑤ <編集>をタップすると動画の長さや音声のオン/オフが設定できます。<使用する>をタップします。

👥 プロフィール写真にフレームを追加する

① P.150手順②の画面で＜フレームを追加＞をタップします。

② ここでは、「人気フレーム」の＜すべて見る＞をタップします。

③ 使いたいフレームをタップします。

④ 任意で文章を入力し、＜保存＞をタップします。

Memo 有効期限を設定する

一時的にプロフィール写真をプロフィール動画やプロフィールフレームにしたいときは、有効期限を設定すると便利です。プロフィール動画の場合はP.150手順⑤の画面で、プロフィールフレームの場合はP.151手順④の画面で＜有効期限を設定＞をタップし、いつまでプロフィール写真を変更させておくか選択します。

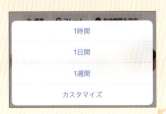

第6章 ◆ こんなときどうする？

Section 59

「いいね!」を付けたページを隠したい

Facebookページに「いいね!」を付けると基本データに表示されるので、本人以外のユーザーも見ることができます。自分が「いいね!」を付けたページを知られたくないなら、「いいね!」を付けた情報は自分のみが閲覧できるよう設定しましょう。

「いいね!」の公開範囲をカテゴリごとに変更する

① P.137を参考にSafariでパソコン用Facebookにアクセスします。

② 自分の名前をタップします。

③ ＜その他＞をタップします。

④ ＜いいね!＞をタップします。

(5) ✎ をタップします。

(6) <「いいね!」のプライバシー設定を編集>をタップします。

(7) 「いいね!」を付けたことを隠したいFacebookページカテゴリ（ここでは「音楽」）の ▼ をタップし、<自分のみ>をタップします。

(8) <閉じる>をタップします。

第6章 こんなときどうする？

153

第6章 ◆ こんなときどうする?

Section
60 特定の友達に投稿を非表示にしたい

Facebookの友達にはなったものの、自分の投稿をあまり見てほしくない人がいるなら、「制限リスト」に登録します。「制限リスト」に登録すると、その人は「公開」設定の投稿しか閲覧できなくなります。制限していることは相手には通知されません。

友達を制限リストに登録する

① 👥 をタップし、<すべての友達>をタップします。

② 投稿の表示を制限したい友達をタップします。

③ 友達のプロフィールページが表示されます。👤をタップします。

④ <友達>をタップし、<友達リストを編集>をタップします。

⑤ <制限>をタップします。

第6章 ◆ こんなときどうする?

Section
61

特定の友達のみに見えるよう投稿したい

友達との共通の話題に関する投稿をしたいときには、特定の友達だけに見えるように近況を投稿できます。指定した友達以外は投稿を見ることができないので、仲の良い友達へプライベートな投稿をしたいときに便利です。

一部の友達にのみ投稿を表示する

① ニュースフィード画面で<今なにしてる?>をタップし、近況を入力して▼をタップします。

② <すべて見る>をタップします。

③ <一部の友達>をタップします。

④ 友達が表示されるので、表示させたい友達をタップし、<完了>をタップします。

⑤ <完了>をタップします。

⑥ <投稿>をタップします。

155

Section 62

友達のつながりを解除したい

友達のつながりを解除したい場合は、友達から削除を行います。どちらか一方が友達から削除を行うと、友達のつながりは解除されます。相手に通知はされませんが相手の友達一覧から消え、タイムラインにも非表示となるので、いずれ知られることとなります。

友達から削除する

① つながりを解除したい友達のプロフィール画面を表示し（P.154手順①〜②参照）、をタップします。

② ＜友達＞をタップします。

③ ＜友達から削除＞→＜OK＞の順にタップします。

④ 友達のつながりが解除されます。

第6章 ◆ こんなときどうする？

Section 63

学校の卒業や結婚式の日を投稿したい

学校を卒業した日や結婚式の日など、ライフイベントを投稿することができます。投稿したライフイベントは自動的に目立つようハイライトが設定されニュースフィードに表示されるほか、日時を設定したものはタイムラインの該当箇所に表示がされます。

ライフイベントを投稿する

① 自分のタイムラインを表示し（P.50参照）、＜ライフイベント＞をタップします。

② 追加したいライフイベントをタップします。ここでは、＜交際関係＞をタップします。

③ 手順②でタップしたカテゴリの詳細が表示される場合は、該当するものをタップします。ここでは、＜結婚＞をタップします。

④ 日付を設定し、必要であれば文章の入力や写真の設定、パートナーの追加を行います。＜次へ＞→＜シェア＞の順にタップします。

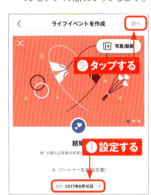

第6章 ◆ こんなときどうする？

Section 64

名前を変更したい

結婚して名前が変わった、外国の友達が増えたのでローマ字表記にしたい、などさまざまな理由で、Facebookの名前を変更したほうが便利な場合は、変更は可能です。名前の変更後は60日間、名前の変更ができなくなります。

名前をローマ字表記に変更する

① P.130手順②の画面で＜個人の情報＞をタップします。

② ＜名前＞をタップします。

③ 「姓」「名」に変更したい名前を入力します。変更後は60日間、名前の変更はできなくなります。＜変更を確認＞をタップします。

④ 名前の表記をタップして選択し、Facebookアカウントのパスワードを入力します。＜変更を保存＞をタップします。

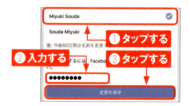

Memo 使用言語に合わせた名前を表示したい

名前をローマ字で登録している場合、手順③の画面で＜言語別の名前を追加・変更＞をタップすると、日本語でFacebookを利用しているユーザーに日本語名を表示することができます。

日本語
姓(漢字)
宗田
名(漢字)
みゆき
姓(カタカナ)
ソウダ
名(カタカナ)
ミユキ

第6章 ◆ こんなときどうする？

Section 65

旧姓を表示したい

Facebookは実名で登録するのが基本ですが、旧姓やニックネームを一緒に表示することもできます。表示する名前を増やすことで、あなた自身を特定してもらいやすくなります。Facebookの友達のつながりも、もっと広がるでしょう。

旧姓やニックネームを追加する

① ⓐ をタップし、プロフィール画面を表示して＜基本データを見る＞をタップします。

② ＜ニックネームや生まれた時の名前を追加＞をタップします。

③ 「名前のタイプ」の右にある ▼ をタップして選択し（ここでは旧姓）、名前を入力します。プロフィールのトップに表示したい場合は＜プロフィールのトップに表示＞をタップしてチェックを入れ、＜保存＞をタップします。

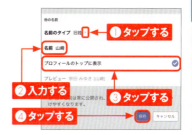

④ プロフィール画面に、追加した名前が表示されています。手順③でプロフィールのトップに表示しない設定をしている場合は、「基本データ」画面に追加した内容が表示されます。

第6章 ◆ こんなときどうする？

Section 66 趣味や好きなことを登録したい

Facebookにあなたの趣味や好きなことをどんどん反映しましょう。好きな映画や本、テレビ番組を登録すれば、共通の趣味をきっかけに友達と親しくなる可能性が広がります。なお、登録した情報はあなたのプロフィールの一部となります。

基本データから趣味や好みを登録する

① P.136を参考に「Safari」アプリでモバイル用Facebookにアクセスし、自分のプロフィール写真をタップします。

② ＜基本データを見る＞をタップします。

③ 下から上へスワイプし、ここでは＜映画＞をタップします。

④ ＜観た映画を追加＞をタップします。

⑤ 観た映画のタイトルを入力し、表示される候補をタップします。

❶入力する
❷タップする

⑥ 映画のアイコンが表示されます。「映画」に追加したい作品の右上にある+をタップします。

タップする

⑦ <をタップすると、登録した観た映画がリスト表示されます。

Memo 好きなテレビ番組や本を登録する

観たテレビ番組や読んだ本などの登録も同じ手順で行います。ただし、好きな音楽はアーティストのFacebookページに「いいね!」を付けることで、基本データの「音楽」欄に追加されます。

第6章 こんなときどうする？

Section 67 友達を非公開にしたい

Facebookの初期状態では友達のリストが公開されています。しかし、友達リストから交友関係がわかるため、そこからプライバシーが流出する可能性もあります。気になる場合は、友達リストを非表示にすることもできます。

友達リストを非表示にする

1 P.28を参考にプライバシーセンターを表示し、＜その他のプライバシー設定＞をタップします。

2 ＜友達リストのプライバシー設定＞をタップします。

3 ＜もっと見る＞をタップします。

4 ＜自分のみ＞をタップします。

Memo 友達リストはどう見えている？

友達リストのプライバシー設定を「自分のみ」にした状態でほかのユーザーがあなたの友達リストを見ると、共通の友達のみが友達リストに表示されます。共通の友だちがいない場合は、「友達が見つかりません」と表示されます。

第6章 ◆ こんなときどうする?

Section
68

間違えて友達をブロックしてしまった

友達を間違えてブロックしてしまっても、すぐにブロックを解除することができます。しかし、ブロックすると同時にFacebookの友達のつながりが解除されているので、友達に事情を話すなどして再度、友達リクエストを行う必要があります。

ブロックを解除する

① ≡ をタップし、＜設定とプライバシー＞→＜設定＞の順にタップします。

② ＜ブロック＞をタップします。

③ 「ブロック済みの人」に、ブロックした友達の名前が表示されます。＜ブロックを解除＞をタップします。

④ ＜ブロックを解除＞をタップします。

Section 69 タイムラインとタグ付けを設定したい

Facebookのプライバシー設定の中でも、少々ややこしいのがタイムラインとタグ付けです。どのような設定項目があるのか、確認しておくとよいでしょう。とくにタグ付けは、設定次第でタイムラインでの表示・非表示が変わりますので、しっかり確認しましょう。

友達がタイムラインに投稿できないように設定する

① P.163手順①の画面で＜設定＞をタップします。

② ＜タイムラインとタグ付け＞をタップします。

③ ＜自分のタイムラインに投稿できる人＞をタップします。

④ ＜自分のみ＞をタップします。

タイムラインへの投稿の公開範囲を設定する

① P.164手順③の画面を表示し、＜他の人が自分のタイムラインに投稿したコンテンツのプライバシー設定＞をタップします。

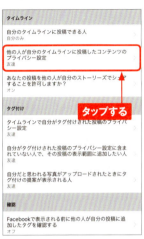

② 公開範囲を選択します。ここでは、＜もっと見る＞→＜自分のみ＞の順にタップします。

③ ＜をタップすると、手順①の画面が表示され、「自分のみ」に設定されていることが確認できます。

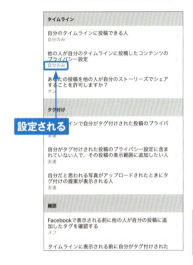

Memo タイムラインに自分だけ投稿できるようにする

自分のタイムラインに投稿ができる人は、初期設定では「友達」となっており、この場合、Facebookでつながっている友達すべてがあなたのタイムラインに投稿できます。たくさんの人と友達でつながっていると、あなたの誕生日はタイムラインが友達からの誕生日メッセージで埋め尽くされてしまうかもしれません。自分のタイムラインに誰からも投稿されたくない、という人は「自分のみ」に設定しましょう。

写真のタグ付け掲載を承認制にする

① P.164手順③の画面を表示し、＜タイムラインに表示される前に自分がタグ付けされた投稿を確認する＞をタップします。

② ○をタップします。

③ ＜をタップすると、手順①の画面が表示され、「オン」に設定されていることが確認できます。

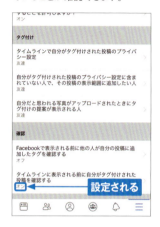

Memo 友達のタイムラインには表示されてしまう

手順①の項目では、友達があなたの写真にタグ付けして投稿するのを止めることはできません。あくまでも、そのタグ付け写真があなた自身のタイムラインでは非表示になるというだけです。タグ付けされた写真はその写真を投稿した友達のタイムラインには流れることになり、友達のニュースフィードやタイムラインを通じて、ほかの人にも見られてしまいます。どうしてもその写真をFacebook上に掲載したくないなら、投稿した友達に頼んで写真自体を削除してもらいましょう。

タグ付けされた写真のタイムライン掲載を許可する

① 🔔に数字が表示されます。🔔をタップします。

② タイムライン掲載確認の通知が表示されます。通知をタップします。

③ 友達がアップロードしたタグ付け写真が表示されます。タイムラインへの掲載を許可する場合は、<タイムラインに追加>をタップします。

④ 「投稿がタイムラインに追加されました。」と表示され、タグ付け写真が自分のタイムラインに投稿されます。

第6章 こんなときどうする？

⑤ タイムラインにタグ付けされた自分の写真が投稿されています。

> **Memo** タイムラインに表示させたくない場合
>
> 友達がアップロードしたタグ付け写真で、自分のタイムラインに表示させたくない場合はP.167手順③の画面で<非表示にする>をタップすると「投稿がタイムラインで非表示になりました。」と表示され、タイムラインには非表示になります。

自分の投稿した写真にタグ付けされるのを制限する

① P.164手順③の画面を表示し、<Facebookで表示される前に他の人が自分の投稿に追加したタグを確認する>をタップします。

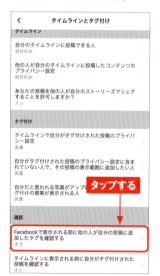

② をタップします。

③ <をタップすると、手順①の画面が表示され、「オン」に設定したことが確認できます。

写真に付けられたタグを確認する

1 🔔 に数字が表示されます。🔔をタップします。

2 写真へのタグ付けリクエストの通知が表示されます。通知をタップします。

3 ＜タグ付けを追加＞または＜承認しない＞をタップします。ここでは、＜承認しない＞をタップします。

4 「○○さんのタグを無視しました」と表示され、タグ付けはされません。

第6章 ◆ こんなときどうする？

Section
70

パスワードや
メールアドレスを変更したい

Facebookに限らず、SNSでは乗っ取りなどの被害が多発しています。被害に遭わないためにも、パスワードは定期的に変更するようにしましょう。また、機種変更などで利用するメールアドレスが変わったら、早めに登録変更を行いましょう。

パスワードを変更する

① ≡ をタップします。

② ＜設定とプライバシー＞をタップします。

Memo パスワードを忘れてしまったとき

Facebookにログインするときにはパスワードが必要ですが、パスワード変更後などにしばらくログインしないでいると新しいパスワードを忘れてしまうことがあります。そういった場合は、ここで紹介した方法でパスワードを変更することはできません。一度パスワードをリセットしましょう。詳細はSec.71で解説しています。

③ <設定>をタップします。

④ <セキュリティとログイン>をタップします。

⑤ <パスワードを変更>をタップします。

⑥ 現在のパスワードを入力し、新しいパスワードを2回入力して<変更を保存>をタップします。

Facebookのメインのメールアドレスを変更する

① P.171手順④の画面で＜個人の情報＞をタップします。

② ＜メールアドレス＞をタップします。

③ ＜メールアドレスを追加＞をタップします。

④ 追加するメールアドレスを入力し、パスワードを入力します。＜メールアドレスを追加＞をタップします。

⑤ 確認用メールが送信されます。

⑥ 「メール」アプリか「メッセージ」アプリを確認し、認証コードを確認します。

⑦ Facebookアプリに戻り、手順⑤の画面で＜メールアドレスを確認＞をタップします。認証コードの入力画面が表示されるので、手順⑥で確認した認証コードを入力し、＜承認＞をタップします。

⑧ メールアドレスの追加が完了します。＜メインのメールアドレス＞をタップします。

⑨ 新たに追加したアドレスをタップし、Facebookアカウントのパスワードを入力します。＜保存＞をタップします。

⑩ メインのメールアドレスが変更されます。このアドレスはFacebookのログインや通知に利用されます。もとのメールアドレスを使わなくなる場合は、右の＜削除＞をタップして削除しましょう。

Section 71

パスワードを忘れてしまった

Facebookアプリを新規インストールしたときなどには、登録したメールアドレスとパスワードを入力してログインする必要がありますが、パスワードを忘れてしまったら、焦らずパスワードのリセットを行いましょう。リセットには、登録したメールアドレスが必要です。

パスワードをリセットして変更する

① アプリのログイン画面で、＜パスワードを忘れた場合＞をタップします。

② アカウントを検索するため、登録した電話番号またはメールアドレスを入力します。ここでは、メールアドレスを入力し、キーボードの＜Search＞または＜検索＞をタップします。

③ アカウントが表示されます。「メールで認証」にチェックが付いていない場合はタップし、＜次へ＞をタップします。

④ 登録したメールアドレスにパスワードリセットコードが記載されたメールが送られるので、コードを確認します。

⑤ Facebookアプリに戻り、手順④で確認したパスワードリセットコードを入力し、＜次へ＞をタップします。

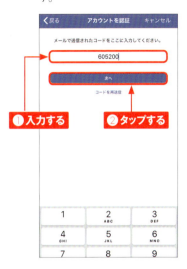

⑥ ログインしているほかの場所からログインするか選択することができます。ここでは、＜ログインしたままにする＞をタップし、＜次へ＞をタップします。

⑦ 新しく利用したいパスワードを入力し、＜次へ＞をタップします。

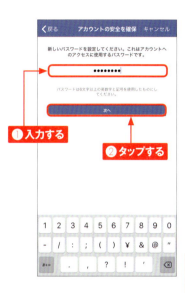

⑧ パスワードの変更が完了し、ニュースフィード画面が表示されます。

第6章 ◆ こんなときどうする？

Section

72 二段階認証でセキュリティを強化したい

二段階認証とは、IDとパスワードの基本の認証にセキュリティコードによる認証も加えたセキュリティシステムです。不正なアクセスやアカウントの乗っ取り、成り済ましなどを防ぐためにも設定しておきましょう。

二段階認証を利用する

① P.171手順⑤の画面を表示し、＜二段階認証を使用＞をタップします。

② ＜スタート＞をタップします。

③ 認証アプリを利用する方法かSMSを利用する方法かを選択します。ここでは、＜SMS＞をタップします。

④ 携帯電話の電話番号を入力し、＜確認＞をタップします。

⑤ Facebook アカウントのパスワードを入力し、キーボードの＜Done＞をタップします。

⑥ SMS（iPhoneでは「メッセージ」アプリで受信）で認証コードが送られるので、確認します。

確認する

⑦ Facebookアプリに戻り、手順⑥の認証コードを入力して、＜次へ＞をタップします。

❶入力する
❷タップする

⑧ 登録した電話番号でお知らせSMSを受け取る場合は ◯ をタップします。＜完了＞をタップします。

タップする

Memo 二段階認証の設定後にログインする

二段階認証の設定を行ったあとにアプリへログインすると、「ログインコードが必要です」の画面が表示され、P.176手順⑤で入力した電話番号宛てにSMSのメッセージが送信されます。送られたSMSのメッセージに記載されている認証コードを入力するか、またはP.176手順②の画面で＜ログイン承認コード＞の項目が表示されるのでタップし、表示されたログイン承認コードを入力して＜ログイン＞をタップすると、ログインが完了します。

第6章 ◆ こんなときどうする？

Section
73 二段階認証後にほかのブラウザから利用したい

二段階認証の設定（Sec.72参照）を行うと、新たな端末やWebブラウザでFacebookにログインする際に、ログインコードを入力するよう求められます。SMSでログインコードを確認してログインしましょう。

新しいWebブラウザを認証する

(1) 二段階認証設定後、Facebookにアクセスしたことのないロブラウザでログイン画面を表示します（P.136参照）。登録したメールアドレスまたは電話番号とパスワードを入力し、＜ログイン＞をタップします。

(2) SMS（iPhoneでは「メッセージ」アプリで受信）でコードが送られるので、確認します。

(3) ログインコードを入力し、＜コードを送信＞をタップします。

④ 今後、この端末のWebブラウザからログインするときにセキュリティコードの入力を不要とするなら＜ブラウザーを保存＞をタップし、再度この端末のWebブラウザからログインするときも同様にセキュリティコードの入力を必要とするなら＜保存しない＞をタップします。＜次へ＞をタップします。

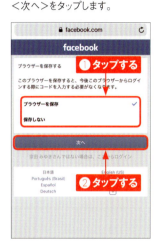

⑤ 認証が完了して、ログインできます。

Memo 認証済みの端末を確認する

一度アクセスして二段階認証を終えたアプリや端末は、認証済みとなります。認証済みのアプリや端末はP.176手順①の画面で＜許可されたログイン＞をタップすると確認できます。 × をタップすると、認証が解除されます。

第6章 ◆ こんなときどうする？

Section 74

機種変更したらどうなるの？

Facebookはすべてのデータが、Facebookのサーバーに保存されています。そのおかげで機種変更しても、まったく問題なくすぐに使うことができます。ログインには、登録したメールアドレスとパスワードが必要です。

機種変更前に登録メールアドレスを確認する

① P.171手順③の画面で＜設定＞をタップします。

② ＜個人の情報＞をタップします。

③ 「メールアドレス」の項目に登録しているメールアドレスが表示されます。これがログイン時に入力するメールアドレスです。携帯キャリアのメールアドレスの場合は、機種変更前にフリーメールなどに変更しましょう。

Memo 機種変更とメールアドレス

機種変更に伴って、Facebookのログインに使うメールアドレスが使えなくなるなら、機種変更前に変更しておく必要があります。Facebookは「Gmail」などフリーメールも使用できます。メールアドレスの変更は、Sec.70を参考にしましょう。

新しい機種でFacebookを利用する

① Sec.03を参考にApp StoreでFacebookアプリを検索し、P.13手順⑤の画面を表示します。＜入手＞またはをタップします。

② インストールが完了すると、ホーム画面に「Facebook」のアイコンが表示されます。＜Facebook＞をタップします。

③ 登録したメールアドレスまたは電話番号とパスワードを入力して、＜ログイン＞をタップします。

④ 今まで通りにFacebookが利用できます。

Memo Apple IDを事前に登録しておく

App Storeでアプリをインストールする場合は、あらかじめApple IDを登録しておきましょう。

Memo Androidスマホの場合

Androidスマホの場合はPlayストアでFacebookのアプリをインストールしましょう（Sec.04参照）。なお、Androidスマホはあらかじめインストール済みの端末もあります。

第6章 ◆ こんなときどうする？

Section
75

アプリをアップデートしたい

新機能の利用やセキュリティを強固にするためにも、Facebookアプリは常に最新のバージョンを使うのがおすすめです。Facebookアプリのアップデートは、App Storeから行うことができます。

Facebookアプリをアップデートする

① App Storeを起動し、＜アップデート＞をタップします。

② ＜アップデート＞が表示されていたら、タップします。

③ アップデートが開始されます。

④ アップデートが完了すると、＜開く＞と表示されます。

アプリの自動アップデートを設定する

① ホーム画面で＜設定＞アプリをタップします。

② ＜iTunes StoreとApp Store＞をタップします。

③ 「自動ダウンロード」の項目にある＜アップデート＞が の場合はタップして にします。これでiPhoneのアプリにアップデートがあるときは、自動的に最新の状態に更新されます。

Memo 自動アップデートはよい？ 悪い？

iPhoneの場合は、iOS 7以降は初期設定で自動でアプリのアップデートが行われるように設定されています。Facebookアプリはデータがすべて Facebookサーバーにアップロードされているため、アプリの不具合による影響は受けにくいですが、アプリによっては最新版にしたことで動作しなくなる、データが消えてしまったなどの事態が起こる可能性もゼロではありません。自動アップデートの設定にした場合には、そういった危険性もあると十分理解しておくことが必要です。

第6章 ◆ こんなときどうする?

Section 76 間違って複数のアカウントを作ってしまった

複数のアカウントを作ってしまった場合、Facebookでは今後も利用するアカウント以外は削除する（Sec.78参照）ことが決まりとなっています。残念ながら投稿やプロフィールを統合させることはできませんが、データをダウンロードすることはできます。

間違って作ったアカウントのデータをダウンロードする

① 間違って作ってしまったアカウントでP.171手順④の画面を表示し、＜個人データをダウンロード＞をタップします。

② ダウンロードしたいFacebook情報が一覧で表示されます。上にスワイプしながらダウンロードしない情報のチェックをタップして外します。

③ 「期間」「フォーマット」「メディアの画質」を任意で選択し、＜ファイルを作成＞をタップします。

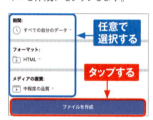

④ ファイルの作成が始まります。

⑤ ファイルが作成されたら、「お知らせ」画面に通知が届きます。通知をタップし、＜ダウンロード＞をタップします。

(6) Safariアプリが起動し、Facebookのログインページが表示されるので、間違って作ってしまったアカウントのメールアドレスまたは電話番号とパスワードを入力して、＜ログイン＞をタップします。

(7) zipファイルをダウンロードします。＜"ファイル"で開く＞をタップします。

(8) zipファイルをダウンロードする場所を選択します。ここでは＜iCloud Drive＞をタップし、＜追加＞をタップします。

(9) ＜完了＞をタップします。

(10) ファイルをタップするとダウンロードしたデータの閲覧ができます。

Memo 投稿した写真や動画をFacebookページで残す

間違えて作ってしまったアカウントに投稿した写真や動画を、今後も利用するFacebookアカウントに関連付けて残しておきたいときは、FacebookアカウントをFacebookページに変換する機能を利用すると便利です。パソコンで「https://www.facebook.com/pages/create/migrate」にアクセスし、画面の指示に従ってFacebookページを作成します。その際、残しておきたい動画、写真、アルバムにチェックを付けます。 Facebookページが作成されたら、＜設定＞→＜ページの管理権限＞の順にクリックし、「新しいページの管理権限を割り当て」で今後も利用するFacebookアカウントに登録しているメールアドレスまたは名前を入力して、＜編集者＞をクリックして＜管理者＞に変更したら、＜追加＞をクリックします。

第6章 ◆ こんなときどうする?

Section

77 追悼アカウントの設定をしたい

自分が死亡した場合、Facebookにアップロードした近況や写真などはどうなるのか、気になるところです。Facebookでは、死後のアカウント管理を任せる人を「追悼アカウント管理人」として指名するか、全データを削除するかを選択できます。

死後にアカウントを完全に削除する設定を行う

① P.171手順④の画面を表示し、＜アカウントの所有者とコントロール＞をタップします。

② ＜追悼アカウントの設定＞をタップします。

③ ＜死後にアカウントを削除＞をタップします。

④ ＜死後にアカウントを削除する＞をタップし、＜保存＞をタップします。

⑤ ＜死後に削除＞をタップします。死亡後、家族からFacebookに削除リクエストがあると、アカウントが完全に削除されます。

追悼アカウント管理人を設定する

① P.186手順③の画面で、＜追悼アカウント管理人を選択＞をタップします。

② 追悼アカウント管理人に指名する友達の名前を入力し、下に表示されたアカウントをタップします。

③ Facebook アカウントの＜送信＞をタップします。

④ 指定した友達宛に、追悼アカウント管理人を設定した旨を伝えるメッセージが送信されます。

Memo どちらかを選択する

アカウントの完全削除と追悼アカウント管理人を設定の両方をすることはできず、どちらかの選択となります。死後、「追悼アカウントのリクエスト」フォームでFacebookへ連絡し、受理されると切り替えとなります。なお、追悼アカウント管理人は新規の投稿などはできず、プロフィールの変更や友達リクエストの応答など実行できることは限られます。

Section 78

Facebookのアカウントを停止したい

Facebookは「利用解除」と「完全に削除」の2つの方法で使用を取りやめることができます。「利用解除」はアカウントを一時停止することで、いつでも使用を再開できます。「完全に削除」は削除後のアカウント利用は再開できません。

アカウントの利用解除を行う

(1) P.186手順②の画面を表示し、＜アカウントの利用解除と削除＞をタップします。

(2) ＜アカウントの利用解除＞をタップし、＜アカウントの利用解除へ移動＞をタップします。

(3) パスワードを入力し、＜次へ＞をタップします。

(4) 利用を解除する理由をタップし、下から上へスワイプします。

(5) お知らせ配信が不要な場合は「Facebookからのお知らせ配信を停止する」のチェックボックスをタップしてチェックを付け、＜利用解除＞をタップします。

Memo アカウント利用を再開する

利用解除中にFacebookにログインすると、アカウント利用が再開できます。

📇 アカウントを完全に削除する

① P.188手順②の画面で＜アカウントの削除＞をタップし、＜アカウントの削除へ移動＞をタップします。

② ＜アカウントを削除＞をタップします。

③ パスワードを入力し、＜次へ＞をタップします。

④ ＜アカウントを削除＞をタップします。

⑤ アカウントを完全に削除する手続きが開始されます。30日後に完全に削除されますが、30日以内に再ログインすると手続きがキャンセルされます。

索引

アルファベット

Androidスマホ	14,21
App Store	12
Facebook	8
Facebookページ	124
GIF	84
iPhone	12,20
iPhoneの通知を設定	130
Messenger	86
Playストア	14
Webページを投稿	80

あ行

アカウントの利用解除	188
アカウントを完全に削除	189
アクティビティ	51
アプリをアップデート	182
アプリをインストール	12,14
アルバムに写真を追加	62
アルバムを削除	65
アルバムを作成	60
アルバムを編集	63
いいね!	46
一緒にいる人にタグ付け	69
イベントに参加	96
イベントを作成	98
お知らせを変更	128
おすすめ情報をリクエスト	84

か行

カバー写真	112
機種変更	180
基本データ	26,159,160
旧姓を表示	159
グリッドビュー	139
グループチャットを作成	93
グループに参加	102
グループに投稿	104
グループの種類	102
グループを作成	106
公開範囲	29,54,64,152,155
個人データをダウンロード	184
コメント	46
コメントを見る	78

さ行

シェア	48
死後にアカウントを削除	186
親しい友達	116
写真にタグ付け	71
写真や動画付きの投稿	58
重要なプライバシー設定を確認	29
趣味や好みを登録	160
知り合いかも	37
新規アカウントを登録	16
ストーリーズ	122
スポット	76
制限リスト	154

た行

タイムライン ……………………………45,50
タイムラインとタグ付けの設定 ……………164
タグ付けの種類 ……………………………68
チェックイン ………………………………74
追悼アカウント管理人 ……………………187
動画ウォッチパーティ ………………………84
投稿 ………………………………………32
投稿の文章にタグ付け ……………………70
投稿を過去の日付に変更 …………………140
投稿を削除 …………………………………56
投稿を非表示 ………………………………132
投稿を編集 …………………………………52
投稿を保存 …………………………………114
友達から削除 ………………………………156
友達とのやり取りを表示 …………………120
友達のアルバムを見る ………………………66
友達リクエスト ……………………………34,38
友達リスト …………………………………119
友達リストを非表示 ………………………162

な行

ナビゲーションバー …………………………20
名前を変更 …………………………………158
二段階認証 …………………………………176
ニュースフィード ……………………………20,42

は行

パスワードを変更 ……………………………170

パスワードをリセット ………………………174
パソコン用Facebook ………………………138
ハッシュタグ ………………………………72
ビデオ通話 …………………………………95
フォロー ……………………………………40
複数の友達にメッセージを送る ……………92
プライバシーセンター ……………………28,142
ブロック ……………………………………134
ブロックを解除 ……………………………163
プロフィール写真 …………………………150
プロフィール情報を登録 ……………………22
プロフィールを編集 …………………………27

ま行

無料電話をかける …………………………94
メインのメールアドレスを変更 ……………172
メッセージ受信をミュート …………………90
メッセージを送る ……………………………86
モバイル用Facebook ………………………136

ら行

ライフイベント ………………………………157
連絡先 ………………………………………36

191

お問い合わせについて

本書に関するご質問については、本書に記載されている内容に関するもののみとさせていただきます。本書の内容と関係のないご質問につきましては、一切お答えできませんので、あらかじめご了承ください。また、電話でのご質問は受け付けておりませんので、必ずFAXか書面にて下記までお送りください。
なお、ご質問の際には、必ず以下の項目を明記していただきますようお願いいたします。

1　お名前
2　返信先の住所またはFAX番号
3　書名
　　（ゼロからはじめるFacebook フェイスブック スマートガイド
　　［改訂2版］）
4　本書の該当ページ
5　ご使用のソフトウェアのバージョン
6　ご質問内容

なお、お送りいただいたご質問には、できる限り迅速にお答えできるよう努力いたしておりますが、場合によってはお答えするまでに時間がかかることがあります。また、回答の期日をご指定なさっても、ご希望にお応えできるとは限りません。あらかじめご了承くださいますよう、お願いいたします。ご質問の際に記載いただきました個人情報は、回答後速やかに破棄させていただきます。

お問い合わせ先

〒 162-0846
東京都新宿区市谷左内町 21-13
株式会社技術評論社　書籍編集部
「ゼロからはじめる Facebook フェイスブック スマートガイド」［改訂 2 版］質問係
FAX 番号　03-3513-6167
URL：http://book.gihyo.jp/116/

■ お問い合わせの例

FAX

1　お名前
　　技術　太郎

2　返信先の住所または FAX 番号
　　03-XXXX-XXXX

3　書名
　　ゼロからはじめる
　　Facebook フェイスブック
　　スマートガイド
　　［改訂 2 版］

4　本書の該当ページ
　　40 ページ

5　ご使用のソフトウェアのバージョン
　　iOS 12.4

6　ご質問内容
　　手順3の画面が表示されない

ゼロからはじめる **Facebook フェイスブック スマートガイド** ［改訂 2 版］

2015 年 08 月 31 日　初　版　第 1 刷発行
2019 年 10 月 16 日　第 2 版　第 1 刷発行

著者 ················· リンクアップ
発行者 ··············· 片岡　巌
発行所 ··············· 株式会社 技術評論社
　　　　　　　　　　東京都新宿区市谷左内町 21-13
電話 ················· 03-3513-6150　販売促進部
　　　　　　　　　　03-3513-6160　書籍編集部
担当 ················· 宮崎　主哉
装丁 ················· 菊池　祐（ライラック）
本文デザイン・DTP・編集 ··· リンクアップ
製本／印刷 ··········· 図書印刷株式会社

定価はカバーに表示してあります。

落丁・乱丁がございましたら、弊社販売促進部までお送りください。交換いたします。
本書の一部または全部を著作権法の定める範囲を超え、無断で複写、複製、転載、テープ化、ファイルに落とすことを禁じます。

© 2019 技術評論社

ISBN978-4-297-10839-7 C3055

Printed in Japan